钢丝绳内部磨损与断裂机理研究

徐春明　彭玉兴　著

化学工业出版社
·北京·

内容简介

本书系统全面地介绍了钢丝绳内部微动摩擦磨损特性和断裂失效机理方面的研究成果。主要内容包括：探析钢丝绳动力学特性及内部钢丝间接触力学行为，研制钢丝绳内部摩擦磨损模拟试验装置，揭示不同接触参数、接触形式、干摩擦、脂润滑、淋水、腐蚀、粉尘等复杂工况下钢丝绳内部微动摩擦特性和磨损机理，对比不同环境工况下不同接触形式钢丝间摩擦学行为，分析复杂工况下钢丝剩余强度及疲劳寿命演变规律，以及揭示钢丝绳内部钢丝断裂失效机理。

本书具有较强的知识性、针对性和系统性，可供从事工程摩擦学相关的科研工作者、研究生以及技术人员阅读参考，也可作为企业内从事钢丝绳设计、加工、维护、检测的技术人员的参考资料。

图书在版编目（CIP）数据

钢丝绳内部磨损与断裂机理研究 / 徐春明，彭玉兴著. --北京 ：化学工业出版社，2024. 9. -- ISBN 978-7-122-45963-3

Ⅰ. TG356. 4

中国国家版本馆 CIP 数据核字第 20243D6H54 号

责任编辑：葛瑞祎　　文字编辑：宋　旋
责任校对：李雨函　　装帧设计：张　辉

出版发行：化学工业出版社
（北京市东城区青年湖南街 13 号　邮政编码 100011）
印　　装：北京七彩京通数码快印有限公司
710mm×1000mm　1/16　印张 11¼　字数 184 千字
2024 年 10 月北京第 1 版第 1 次印刷

购书咨询：010-64518888　　售后服务：010-64518899
网　　址：http://www.cip.com.cn
凡购买本书，如有缺损质量问题，本社销售中心负责调换。

定　　价：68.00 元　

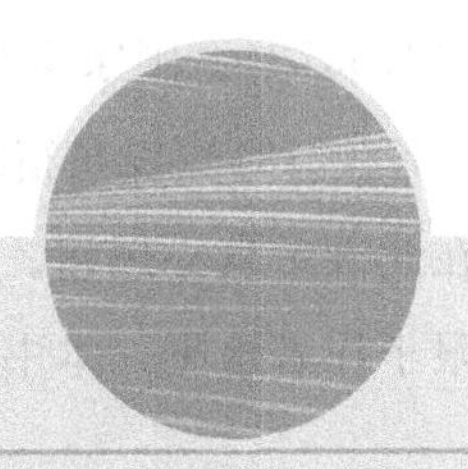

前言

钢丝绳由于具有优异的力学性能，被广泛应用于国民经济建设的各个领域。然而，在使用过程中，钢丝绳内部股与股、丝与丝之间易产生微动磨损、腐蚀磨损以及疲劳损伤，进而导致钢丝断裂失效，严重影响钢丝绳的承载能力和使用寿命。相比于外部磨损易于直观检测，钢丝绳内部磨损不易察觉，常表现为外部基本完好，但内部磨损严重或断丝多处，甚至在外部完好如新的情况下，其内部也会出现局部的粉碎性断裂，以致钢丝绳的强度逐渐降低，最后达到强度极限而损坏。一旦钢丝绳发生断裂失效将导致重大事故。因此，开展钢丝绳内部磨损和断裂问题的相关研究，能够为钢丝绳的结构设计、合理选型、安全防护以及延长其服役寿命提供重要的基础数据和理论支撑。

本书共分 6 章：第 1 章概述了钢丝绳的应用背景，阐述了钢丝绳内部磨损与断裂的研究意义；第 2 章基于钢丝绳动力学模型，介绍了钢丝绳动力学特性和内部钢丝间接触力学行为；第 3 章确定了钢丝绳内部危险接触区域和接触形式，并基于此研制了钢丝绳内部摩擦磨损模拟试验装置；第 4 章介绍了干摩擦条件下，不同接触参数、接触形式下钢丝绳内部微动摩擦特性和磨损机理，以及不同接触形式钢丝间摩擦学行为随接触参数演变规律；第 5 章介绍了脂润滑、粉尘、淋水以及腐蚀环境下钢丝绳内部微动摩擦学特性，对比不同接触形式钢丝在复杂环境中摩擦特性和磨损特征的差异，以及润滑脂的减摩抗磨特性和粉尘颗粒的润滑失效机理；第 6 章介绍了不同接触参数和环境工况下钢丝剩余强度与疲劳寿命演变规律，并揭示了钢丝拉伸和疲劳断裂失效机理，从而为延长钢丝绳使用寿命提供重要基础数据。

本书由徐春明、彭玉兴合著。其中，徐春明老师负责第 2 章至第 6 章的撰写以及本书的统稿和核校，彭玉兴教授负责第 1 章的撰写，并对书中的试验方案和内容安排提供了许多宝贵意见。本书的顺利出版得益于国家自然科学基金面上项目（51975572）、国家重点研发计划课题（2017YFF0210604）、宿迁市科技计划项目（K202331）以及宿迁学院人才引进科研启动基金项目（2022XRC039）的资助，在此表示衷心感谢。

限于作者水平，本书难免有疏漏之处，敬请读者批评指正。

著　者

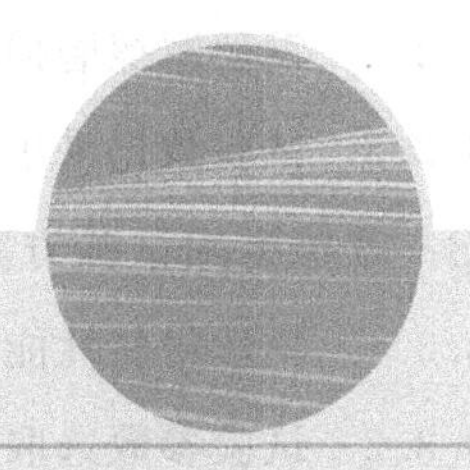

目录

第1章　绪论 …… 1

1.1　钢丝绳的重要地位 …… 3

1.2　钢丝绳内部磨损与断裂的研究意义 …… 6

参考文献 …… 8

第2章　钢丝绳内部接触力学特性 …… 11

2.1　钢丝绳动力学特性 …… 13

2.1.1　钢丝绳动力学模型 …… 15

2.1.2　钢丝绳动力学特性演变规律 …… 18

2.1.3　提升负载对钢丝绳动力学特性的影响 …… 20

2.2　钢丝绳内部钢丝间接触行为 …… 22

2.2.1　钢丝间接触力学理论模型 …… 22

2.2.2　钢丝间接触力学仿真模型 …… 26

2.2.3　钢丝间接触力学特性演变规律 …… 29

参考文献 …… 42

第3章　钢丝绳内部摩擦磨损模拟试验装置研制 …… 45

3.1　钢丝绳有限元仿真模拟 …… 47

3.1.1　钢丝绳有限元仿真模型 …… 47

3.1.2　拉伸载荷下钢丝绳应力应变分布规律 …… 51

3.2　钢丝绳内部摩擦磨损模拟试验台 …… 56

3.2.1　钢丝绳内部钢丝间接触形式 …… 56

3.2.2 钢丝摩擦磨损试验装置 …… 58
3.2.3 试验数据采集系统 …… 60
3.3 摩擦磨损试验方案设计过程 …… 62
3.3.1 钢丝材料性能 …… 62
3.3.2 试验参数选取过程 …… 62
3.3.3 试验结果分析方法 …… 63
参考文献 …… 65
第4章 干摩擦下钢丝绳内部摩擦磨损特性研究 …… 67
4.1 不同接触形式下钢丝间有限元仿真模拟 …… 69
4.1.1 钢丝接触有限元仿真模型 …… 69
4.1.2 钢丝间接触应力分析 …… 70
4.2 基于单一变量法的钢丝间摩擦磨损特性 …… 72
4.2.1 接触力对摩擦磨损特性的影响规律 …… 72
4.2.2 微动振幅对摩擦磨损特性的影响规律 …… 81
4.2.3 交叉角度对摩擦磨损特性的影响规律 …… 87
4.2.4 扭转角度对摩擦磨损特性的影响规律 …… 93
4.3 基于正交试验法的钢丝间摩擦磨损特性 …… 100
4.3.1 正交试验方案设计 …… 100
4.3.2 正交试验结果分析 …… 101
4.4 不同绳股结构下钢丝间摩擦磨损特性 …… 103
4.4.1 摩擦系数演变规律 …… 103
4.4.2 滞回曲线演变规律 …… 104
4.4.3 磨损深度演变规律 …… 106
4.4.4 磨损量演变规律 …… 107
4.4.5 钢丝磨损机理 …… 108
参考文献 …… 110
第5章 复杂环境下钢丝绳内部摩擦磨损特性研究 …… 113
5.1 钢丝绳服役环境概述 …… 115
5.2 不同环境下钢丝摩擦系数演变规律 …… 117

5.2.1 脂润滑条件 …… 117
5.2.2 不同矿物颗粒对比 …… 118
5.2.3 矿石复合润滑脂润滑条件 …… 121
5.2.4 淋水环境 …… 122
5.2.5 酸腐蚀条件 …… 122
5.2.6 不同环境工况对比 …… 124
5.3 不同环境下钢丝磨损深度演变规律 …… 125
5.3.1 脂润滑条件 …… 125
5.3.2 不同矿物颗粒对比 …… 125
5.3.3 矿石复合润滑脂润滑条件 …… 127
5.3.4 淋水环境 …… 127
5.3.5 酸腐蚀条件 …… 128
5.3.6 不同环境工况对比 …… 129
5.4 不同环境下钢丝磨损量演变规律 …… 130
5.4.1 脂润滑条件 …… 130
5.4.2 不同矿物颗粒对比 …… 131
5.4.3 矿石复合润滑脂润滑条件 …… 132
5.4.4 淋水环境 …… 132
5.4.5 酸腐蚀条件 …… 133
5.4.6 不同环境工况对比 …… 134
5.5 不同环境下钢丝磨损机理演变规律 …… 135
5.5.1 脂润滑条件 …… 135
5.5.2 不同矿物颗粒对比 …… 137
5.5.3 矿石复合润滑脂润滑条件 …… 141
5.5.4 淋水环境 …… 143
5.5.5 酸腐蚀条件 …… 145
5.5.6 不同环境工况对比 …… 147
参考文献 …… 148
第6章 钢丝绳内部失效行为研究 …… 149
6.1 磨损钢丝拉伸断裂行为 …… 151

6.1.1 钢丝磨损深度演变规律 …… 151
6.1.2 钢丝破断力演变规律 …… 155
6.1.3 拉伸断裂失效机理 …… 158
6.2 钢丝疲劳断裂行为 …… 161
6.2.1 干摩擦下钢丝疲劳寿命 …… 162
6.2.2 复杂环境下钢丝疲劳寿命 …… 164
6.2.3 疲劳断裂失效机理 …… 166
参考文献 …… 169

第1章

绪　论

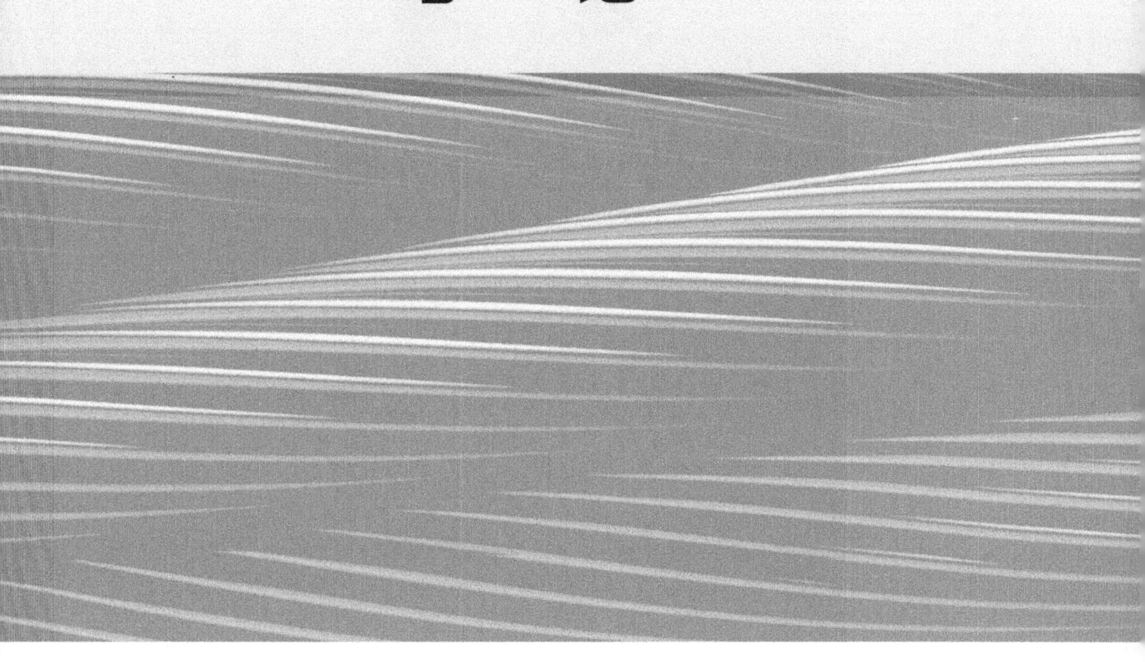

1.1 钢丝绳的重要地位

随着我国的工业发展和工程技术的进步，钢丝绳在现代各种工程中的应用也愈加广泛。钢丝绳作为一种柔性的空间螺旋结构钢制品，由多根钢丝按照一定捻角捻绕成股，再由若干股按一定捻角捻绕成绳。特殊的结构和工艺特点决定了钢丝绳具有承载能力大、重量轻、弯曲柔韧性好、运行平稳无噪声等特点，被广泛应用于矿井提升、架空索道、电梯、起重机、斜拉桥、航空航天等国民经济建设领域。

为了阐述钢丝绳在国民经济建设领域的重要地位，下面用几个例子简单介绍钢丝绳的应用情况。

煤炭资源是我国的基础能源和重要原料，同时我国也是世界第一产煤大国，全球煤炭产量近半来自中国。据《2023 煤炭行业发展年度报告》统计，“十四五”以来，全国新增煤炭产能约为 6 亿吨/年。全国原煤产量于 2021 年、2022 年分别超过 41 亿吨和 45 亿吨，2023 年达到 47.1 亿吨，年均增长 4.5%，居于全球第一位。而居于第二位的印度，煤炭产量仅为 10.11 亿吨，约为我国的 1/5。我国煤炭总产量 80%以上来自井下开采，而矿井提升装备是竖井提升中将煤炭从井下运输到地面的咽喉装备[1]。图 1-1 所示为矿井提升装备。根据传动原理与结构的不同，矿井提升装备分为摩擦式提升机和缠绕式提升机。摩擦式提升机主要由滚筒、摩擦衬垫、电动机、提升钢丝绳、提升容器以及平衡钢丝绳等部分组成。在工作中，钢丝绳与滚筒表面的摩擦衬垫产生摩擦力带动提升钢丝绳，从而实现提升容器的提升和下放，并且采用平衡钢丝绳来减少提升侧与下放侧钢丝绳的张力差，提高运行的稳定性。缠绕式提升机主要由卷筒、提升钢丝绳、提升容器以及电机等部分组成。其工作原理为：将两根提升钢丝绳的一端以相反的方向分别缠绕并固定在提升机的两个卷筒上，另一端绕过天轮分别与两个提升容器连接。通过电机控制卷筒旋转，带动两根提升钢丝绳在卷筒上缠绕与松放，实现提升容器的提升与下放。恶劣的运行工况和工作环境，导致许多矿井提升钢丝绳的服役寿命仅有半年，甚至 2～3 个月，一旦提升钢丝绳发生断裂失效将导致井毁人亡的重大事故[2]。

架空索道因具有投资低、基建快、地貌环境破坏小、可适应复杂地形等特点，被广泛应用于建筑旅游、滑雪、矿山等多种行业。图 1-2 所示为架空索道，

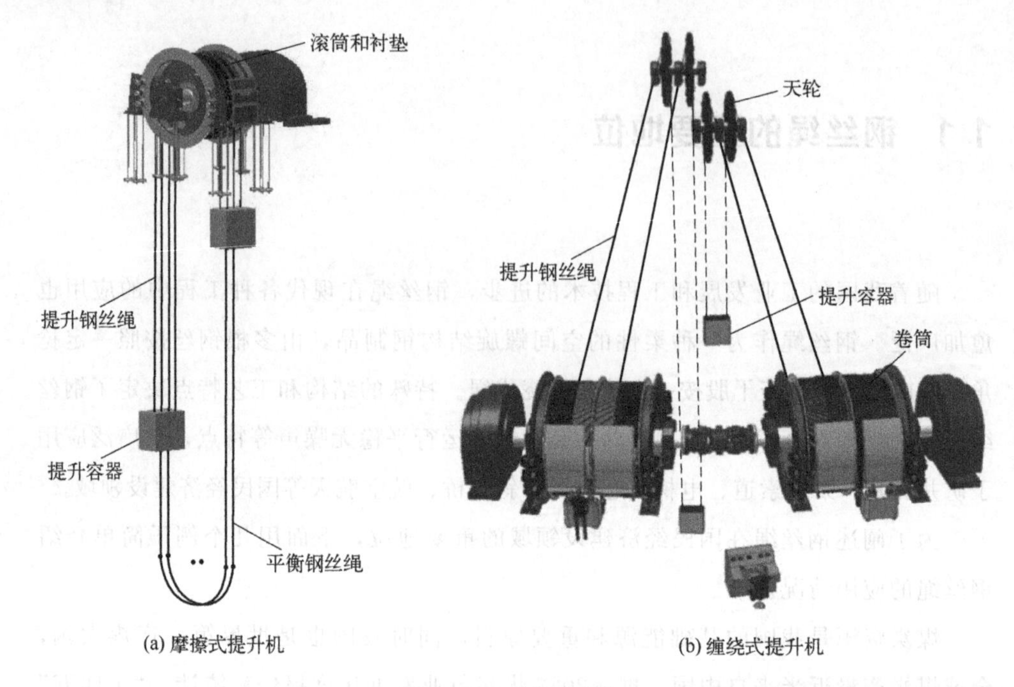

图 1-1　矿井提升装备

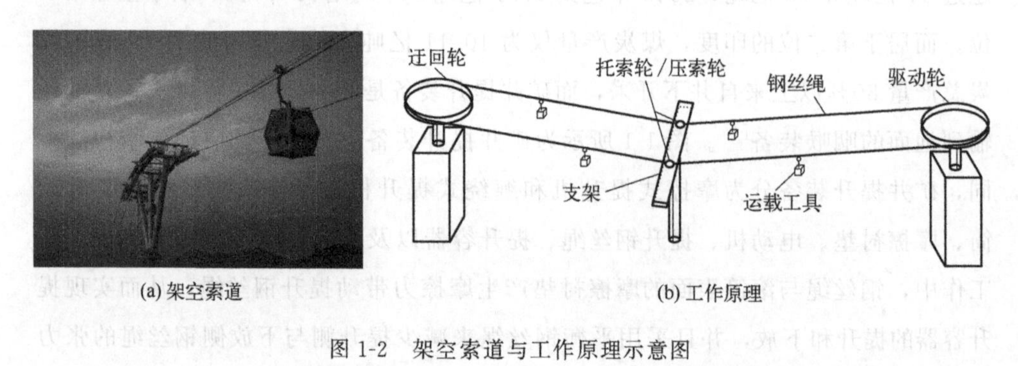

图 1-2　架空索道与工作原理示意图

它是由架空的钢索（钢丝绳）作为行车轨道以输送货物或人员的机械运输设施。工作过程中，钢丝绳回绕在索道两端的驱动轮和迂回轮上，两站之间的钢丝绳由设在索道线路中间的若干支架支托在空中，随着地形的变化，支架顶部装设的托索轮或压索轮组将钢丝绳托起或压下。载有乘客的运载工具通过抱索器吊挂在钢丝绳上，驱动装置驱动钢索，带动运载工具沿线路运行，达到运送货物或乘客的目的。其中，钢丝绳是索道中承载和索引的主要构件之一。在使用过程中，由于受到疲劳、腐蚀、磨损、冲击、雷击等因素的影响，钢丝绳会不可避免地产生各种损伤，导致强度降低，甚至突然断裂。

随着全球贸易和海洋经济快速发展，港口吞吐量不断增大，港口起重机向着高频、重载和大起升高度方向发展。为推进建设海洋强国和“21 世纪海上丝绸之路”，《“十三五”海洋领域科技创新专项规划》提出“显著提升海洋运载作业、信息获取及资源开发能力”的目标。港口起重机作为海洋运输的关键一环，是连接海洋与陆地运输的重要枢纽。图 1-3 所示为港口起重机示意图，主要包括起升机构、变幅机构、回转机构和运行机构。在货物装卸过程中，重物通过吊具与钢丝绳滑轮组相连，在电机驱动下，起重钢丝绳经导向轮缠绕在卷筒上，实现起升作业。在变幅、回转和运行机构配合下，完成重物搬运。由于港口货运受时间和场地限制，起重作业具有起、制动频繁、工作量大和持续时间长的特点。钢丝绳作为唯一承载和传动部件，在装卸作业过程中，钢丝绳易受到起、降制动引起的冲击载荷和变幅、回转产生的纵向、横向载荷，造成钢丝绳摇摆振动和钢丝绳-滑轮接触区的摆动冲击，继而引发钢丝绳磨损。此外，起重机通常工作在露天环境中，极易受到雨雪、海水、盐雾、高温等恶劣环境的影响，造成钢丝绳润滑失效和腐蚀损伤，严重威胁钢丝绳的安全可靠性。

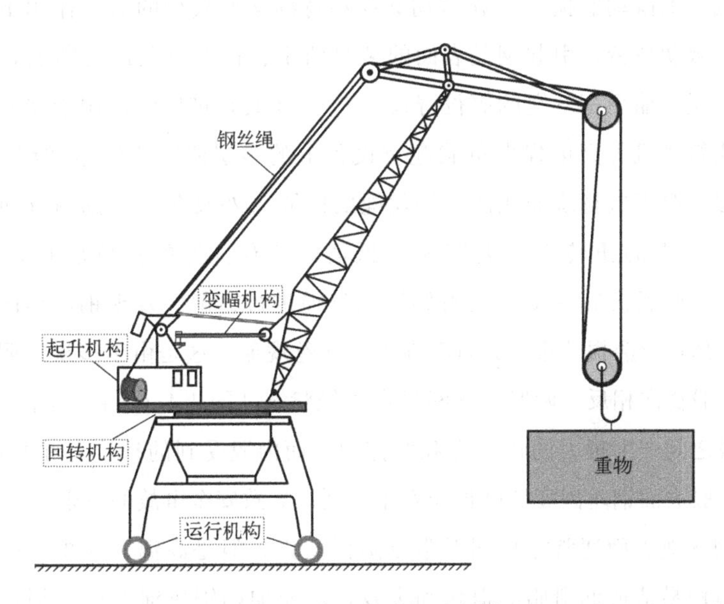

图 1-3 港口起重机示意图

总结起来，钢丝绳是现代工业中不可或缺的重要部件，其应用领域广泛，种类繁多，性能优越。然而，钢丝绳在使用过程中经常发生磨损和断裂现象，导致安全事故的发生，因此，探究钢丝绳的安全问题对于保障国民经济正常生产、人民群众的生命财产安全具有重要的意义。

1.2 钢丝绳内部磨损与断裂的研究意义

钢丝绳的广泛应用与快速发展，推动着现代工程的进步。因其作为重要的承载和传动构件，在工作过程中长期处于摩擦、潮湿、腐蚀、高温、雨雪等恶劣环境中，并承受动态的拉伸、弯曲以及扭转载荷，使得钢丝绳的主要失效原因为磨损、疲劳和腐蚀，主要表现形式为断丝、断股和直径缩小，从而导致钢丝绳的强度逐渐降低，最后达到强度极限而损坏[3]。一旦钢丝绳发生断裂失效将导致重大事故，严重影响正常生产和人民的生命财产安全[4-8]。

在工程应用中，钢丝绳除了外部发生磨损、断丝以及腐蚀外，其内部绳股与钢丝之间也因受到交变载荷产生接触力和微米级的相对滑动，进而造成钢丝绳内部接触区域产生微动磨损[9]。在微动磨损和持续交变载荷的共同作用下，钢丝接触区域产生微动疲劳，引起钢丝表面的裂纹萌生、扩展以及最终断裂，加剧钢丝绳的疲劳断裂，缩短钢丝绳的服役寿命[10-15]。尤其是被广泛应用于立井提升、港口装卸、建筑塔机等高扬程大负载起重设备上的多层股阻旋转钢丝绳（图 1-4)，它是由多层绳股多次捻绕而成的，钢丝绳的内股与外股在绳中捻制方向相反，在提升过程中产生的扭转力矩能够相互抵消，具有良好的抗旋转性能。部分学者[16-18] 对长期服役后的多层股阻旋转钢丝绳进行拆解，发现钢丝绳的外部磨损轻微，而内部钢丝磨损严重，并且存在大量断丝现象。这是由于多层股阻旋转钢丝绳的内、外股捻向相反，两股钢丝间呈点接触状态［图 1-4（c)］。当钢丝绳承受载荷时，各股之间产生很大的挤压力和摩擦力，而内股受到的挤压力和摩擦力最大，极易导致内股表面钢丝因疲劳磨损而发生断裂，导致安全事故的发生[19,20]。

虽然钢丝绳表面通常涂抹润滑脂以降低磨损，但是高温、粉尘、腐蚀、雨雪等恶劣环境极易造成润滑脂的退化和失效，从而加剧钢丝绳摩擦磨损，导致钢丝断裂失效，严重影响钢丝绳的服役寿命和使用安全。为了保障钢丝绳使用时的安全可靠，不同国家部门和机构制定了相应的国家规范和行业规程[21-24]，对钢丝绳选型、维护、更换时间和报废标准等做了明确规定。但是，由于钢丝绳断裂失效

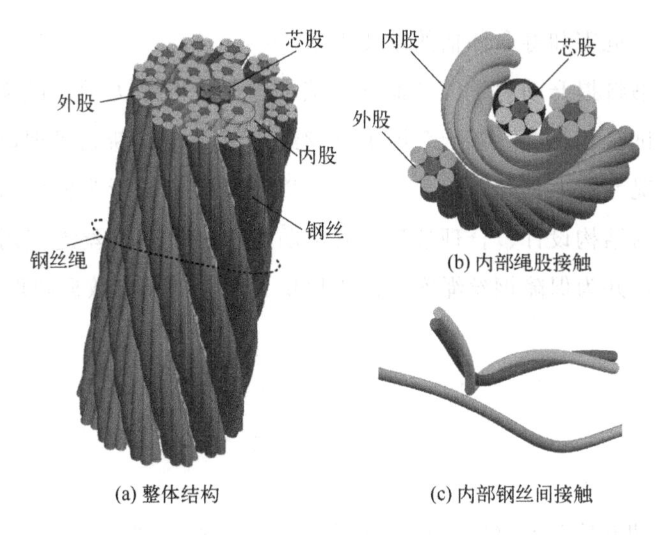

图 1-4 多层股阻旋转钢丝绳示意图

造成的安全事故仍然时有发生。例如，《煤矿安全规程》采用静强度设计理论对钢丝绳进行选型，即以静态抗拉强度为基础，根据提升用途的不同，对钢丝绳选用不同的安全系数，获得钢丝绳的许用提升能力，并采用定期更换方式确保提升安全。然而，在提升过程中，提升机的加速、减速以及时变的钢丝绳长度使得钢丝绳受到动载荷变化的影响，因此这种静载条件下获得的提升能力是不准确的，考察动载荷引起的钢丝绳动力学响应对保障钢丝绳使用安全具有重要意义[25-28]。此外，静强度设计理论没有考虑到钢丝绳在使用过程中内部钢丝微动磨损的影响，无法对服役钢丝绳的安全状态做出准确预测和评估，从而会出现在规定服役期内没有失效而提前更换钢丝绳的“过度安全”情况，或者未满服役期限钢丝绳就发生断裂失效事故。据统计，由于钢丝绳断裂导致的安全事故占国内提升系统总安全事故的29.6%[29]。比如，2003 年，中国某核工厂系挂阴极内衬的钢丝绳突然断裂，坠下砸中下方汽车；2012 年，甘肃省白银市某煤业公司煤矿由于提升钢丝绳突然断裂，造成 20 人死亡、14 人受伤的重大安全事故；2014 年，浙江某工地发生一起塔机作业时起升钢丝绳断裂事故，造成 1 人死亡。上述事故均由钢丝绳断裂造成，可以看出：钢丝绳断裂引发的事故一般都会带来人员伤亡，且事故具有普遍性，发生的事故不仅涉及建筑行业塔吊、升降机等设备，还涉及煤矿、工厂、缆车、港口等领域，某些行业还属于技术密集型行业，或者国家重点监察安全生产的领域，但事故仍然时有发生。究其原因，主要是不清楚钢丝绳在服役过程中其内部作用的机理，没有考虑将钢丝摩擦磨损和断裂失效作为钢丝绳强度设计、安全危害和寿命评估的重要因素。

因此，本书将提升动力学、摩擦学、接触力学、断裂力学、试验研究、仿真分析等理论与试验相结合，系统开展了钢丝绳内部磨损与断裂机理研究，突破了不同环境和工况参数下钢丝绳内部微动磨损以及断裂失效行为的前沿问题，研究成果对钢丝绳的结构设计、合理选型、安全防护以及评估钢丝绳使用寿命具有重要的指导意义，并为保障钢丝绳安全使用提供了重要的基础数据和理论支撑。

参考文献

[1] 洪晓华. 矿井运输提升［M］. 徐州：中国矿业大学出版社，2005：171.

[2] 李玉瑾. 矿井提升系统基础理论［M］. 北京：煤炭工业出版社，2013：1.

[3] Waterhouse R B，McColl I R，Harris S J. Fretting wear of a high-strength heavily work-hardened eutectoid steel［J］. Wear，1994，175：51-57.

[4] 潘志勇，邱煌明. 钢丝绳生产工艺［M］. 长沙：湖南大学出版社，2008：198.

[5] 倪响. 表面损伤对钢丝绳的弯曲疲劳性能影响研究［D］. 徐州：中国矿业大学，2014.

[6] Zhang D K，Ge S R，Qiang Y H. Research on the fatigue and fracture behavior due to the fretting wear of steel wire in hoisting rope［J］. Wear，2003，255（7）：1233-1237.

[7] 石甘雨. 2km 超深井提升扁股钢丝绳力学特性研究［D］. 徐州：中国矿业大学，2017.

[8] 吴水源. 缠绕式多点提升系统钢丝绳变形失谐动力学分析及主动控制［D］. 重庆：重庆大学，2016.

[9] 王大刚. 钢丝的微动损伤行为及其微动疲劳寿命预测研究［D］. 徐州：中国矿业大学，2012.

[10] 李婷，苗运江，郝国丹. 深井提升钢丝绳早期断丝原因初探［J］. 煤矿机械，2010，31（11）：94-96.

[11] Wang D G，Zhang D K，Zhang Z F，et al. Effect of various kinematic parameters of mine hoist on fretting parameters of hoisting rope and a new fretting fatigue test apparatus of steel wires［J］. Engineering Failure Analysis，2012，22：92-112.

[12] Zhang J，Wang D G，Zhang D K，et al. Dynamic torsional characteristics of mine hoisting rope and its internal spiral components［J］. Tribology International，2017，109：182-191.

[13] 张德坤，葛世荣，朱真才. 提升钢丝绳的钢丝微动摩擦磨损特性研究［J］. 中国矿业大学学报，2002，31（5）：30-33.

[14] Périer V，Dieng L，Gaillet L，et al. Fretting-fatigue behavior of bridge engineering cables in a solution of sodium chloride [J]. Wear，2009，267：308-314.

[15] 刘兵，何国球，蒋小松，等. 多轴微动疲劳损伤行为 [J]. 同济大学学报（自然科学版），2012，40（1）：77-80.

[16] 魏晓光，唐莎. 多层不旋转钢丝绳失效原因分析 [J]. 装备制造技术，2013，3：140-141.

[17] 高广君，王保卫. 不旋转钢丝绳失效部分原因初探 [J]. 建筑机械化，2013，34（7）：97-98.

[18] 秦万信，白成海. 关于我国多股抗旋转钢丝绳发展方向的思考（待续）[J]. 金属制品，2016，42（5）：5-12.

[19] 浦汉军. 起重机用不旋转钢丝绳理论研究及其寿命估算 [D]. 广州：华南理工大学，2012.

[20] 陈德斌. 多层股阻旋转钢丝绳受力特性与疲劳失效机理研究 [D]. 武汉：武汉理工大学，2016.

[21] 杨正旺. GB 8903—2005《电梯用钢丝绳》修订编制及问题探讨 [J]. 金属制品，2007，33（1）：46-49.

[22] 国家安全生产监督管理总局，国家煤矿安全监察局. 煤矿安全规程 [M]. 北京：煤炭工业出版社，2016.

[23] 冶金工业部. 冶金矿山安全规程 [M]. 北京：冶金工业出版社，1980.

[24] GB/T 34198—2017. 起重机用钢丝绳 [S]. 北京：中国标准出版社，2017.

[25] Wu S C，Haug E J. Geometric nonlinear substructuring for dynamics of flexible mechanical systems [J]. International Journal of Numerical Methods in Engineering，1988，26：2211-2226.

[26] Shabana A A. Flexible multibody dynamics：review of past and recent developments [J]. Multibody System Dynamics，1997，1：189-222.

[27] Liu Y，Chen G D，Li J H，et al. Dynamics simulation of the hoisting cable of single cable winding hoisting device [J]. Mechanical Science and Technology for Aerospace Engineering，2009，28：1225-1229.

[28] Hobbs R E，Raoo M. Behaviour of cables under dynamic or repeated loading [J]. Journal of Constructional Steel Research，1996，39：31-50.

[29] 李玉瑾，张保连. 矿井提升系统安全事故分析与防治 [J]. 煤炭工程，2012，1：100-102.

第2章

钢丝绳内部接触力学特性

提升过程中，钢丝绳的长度随提升时间不断变化，导致提升系统的等效质量和钢丝绳的刚度不断改变，从而对钢丝绳的动力学特性产生重要影响。此外，钢丝绳由多根钢丝螺旋捻制而成，复杂的表面结构决定了钢丝绳在提升过程中复杂多变的接触行为。因此，本章构建了钢丝绳动力学模型，探究提升过程中钢丝绳动载荷演变规律，根据钢丝绳的动载荷变化分析了多层股阻旋转钢丝绳内部钢丝间接触力学特性在不同提升阶段随提升负载变化的规律，从而为开展钢丝绳内部钢丝摩擦磨损试验提供重要的参照数据。

2.1 钢丝绳动力学特性

如图 2-1 所示，钢丝绳绕过天轮在卷筒表面缠绕，实现重物的提升与下放。整个钢丝绳分为天轮与重物间的垂绳、绕过天轮的弯曲绳以及卷筒与天轮间的悬绳，钢丝绳的每一部分均会发生微动损伤[1,2]。其中，钢丝绳失效更容易发生在与天轮相切处，这是因为该区域经历了捻绕逆转和较大的张力变化[3,4]，并且该位置形成振动节点，振动在该位置被吸收和消散，钢丝绳内部钢丝间极易产生应力集中并引起钢丝绳螺旋变形。有些学者[5,6] 认为钢丝绳的提升行为类似于弹簧与重物的悬垂振动系统，采用瑞利法将钢丝绳的 1/3 质量加到绳端重物。当重物

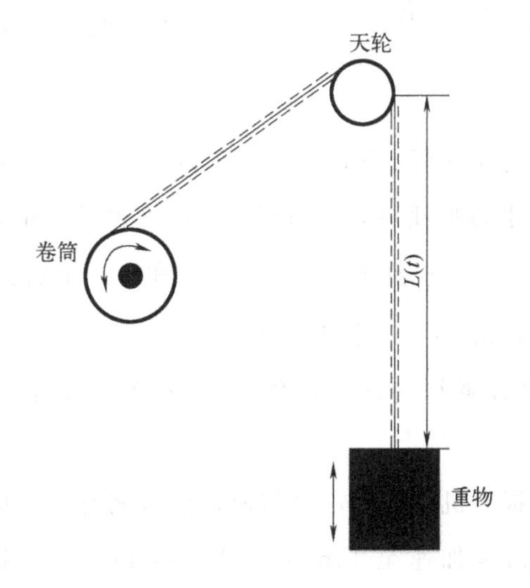

图 2-1　提升运动示意图

以图 2-2 所示的速度提升时，钢丝绳的动载荷可以通过式（2-1）、式（2-2）、式（2-3）计算获得[7,8]。

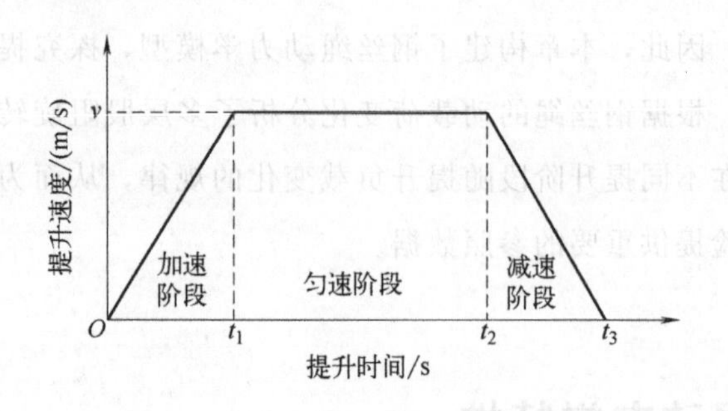

图 2-2 提升速度变化

加速阶段：

$$\ddot{F}=\left\{E\cdot A\cdot(g+a_1)-\left[\frac{E\cdot A}{m+\rho\cdot L_1(t)/3}+a_1\right]\cdot F-2\cdot a_1\cdot t\cdot\dot{F}\right\}/L_1(t) \tag{2-1}$$

匀速阶段：

$$\ddot{F}=\left\{E\cdot A\cdot g-\frac{E\cdot A\cdot F}{m+\rho\cdot L_2(t)/3}-2\cdot v\cdot\dot{F}\right\}/L_2(t) \tag{2-2}$$

减速阶段：

$$\ddot{F}=\left\{E\cdot A\cdot(g-a_2)-\left[\frac{E\cdot A}{m+\rho\cdot L_3(t)/3}-a_2\right]\cdot F-2[v-a_2\cdot(t-t_3)]\cdot\dot{F}\right\}/L_3(t) \tag{2-3}$$

式中，F 为钢丝绳动载荷，N；E 为钢丝绳杨氏模量，MPa；A 为钢丝绳横截面积，mm^2；g 为重力加速度，$9.8m/s^2$；m 为提升质量，kg；ρ 为钢丝绳每米质量，kg/m；$L(t)$ 为垂绳长度，m；a_1 和 a_2 分别为加速度和减速度，m/s^2；v 为提升速度，m/s；t 为提升时间，s。

本书以某矿井提升系统为例，详细探究钢丝绳动力学特性，提升参数如表 2-1 所示。

在提升过程中，提升机先加速，再匀速，最后减速到停止。其中，0～20s 为加速阶段，重物从 0m/s 加速至 14m/s；20～85.71s 为匀速提升阶段，重物以 14m/s 匀速上升；85.71～105.71s 为减速制动阶段，重物从 14m/s 逐渐减速至停止。

表 2-1 提升参数

参数	数值
重物质量/kg	8000
提升深度/m	约 1200
提升加、减速度/(m/s²)	0.7
匀速阶段提升速度/(m/s)	14
钢丝绳直径/mm	21
钢丝绳杨氏模量/MPa	110000
钢丝绳横截面积/mm²	204.74
钢丝绳每米质量/(kg/m)	1.89

因此，垂绳长度 $L(t)$ 有一个动态变化过程，其变化过程如下：

$$L_1(t)=1230-0.35\times t^2 \quad (0<t\leqslant 20) \tag{2-4}$$

$$L_2(t)=1370-14\times t \quad (20<t\leqslant 85.71) \tag{2-5}$$

$$L_3(t)=3941.17+0.35\times t^2-73.997\times t \quad (85.71<t\leqslant 105.71) \tag{2-6}$$

2.1.1 钢丝绳动力学模型

根据钢丝绳动载荷和绳长变化公式，本节采用 Simulink 建立钢丝绳动力学模型。Simulink 作为 MATLAB 中重要的工具组件，通过其内置的丰富的模块库和求解器，可以实现动态系统建模和仿真[9]。

图 2-3 所示为钢丝绳动力学模型。它主要由常量块、数学运算块、积分块、子系统块、示波器块以及数据存储块等部分组成。

求解器参数设置如图 2-4 所示。

垂绳长度变化子系统内部构造如图 2-5 所示。

将提升参数代入该子系统仿真，获得垂绳长度变化曲线如图 2-6 所示。

提升加、减速度变化子系统内部构造如图 2-7 所示。

提升时间变化子系统内部构造如图 2-8 所示。

提升速度变化子系统内部构造如图 2-9 所示。

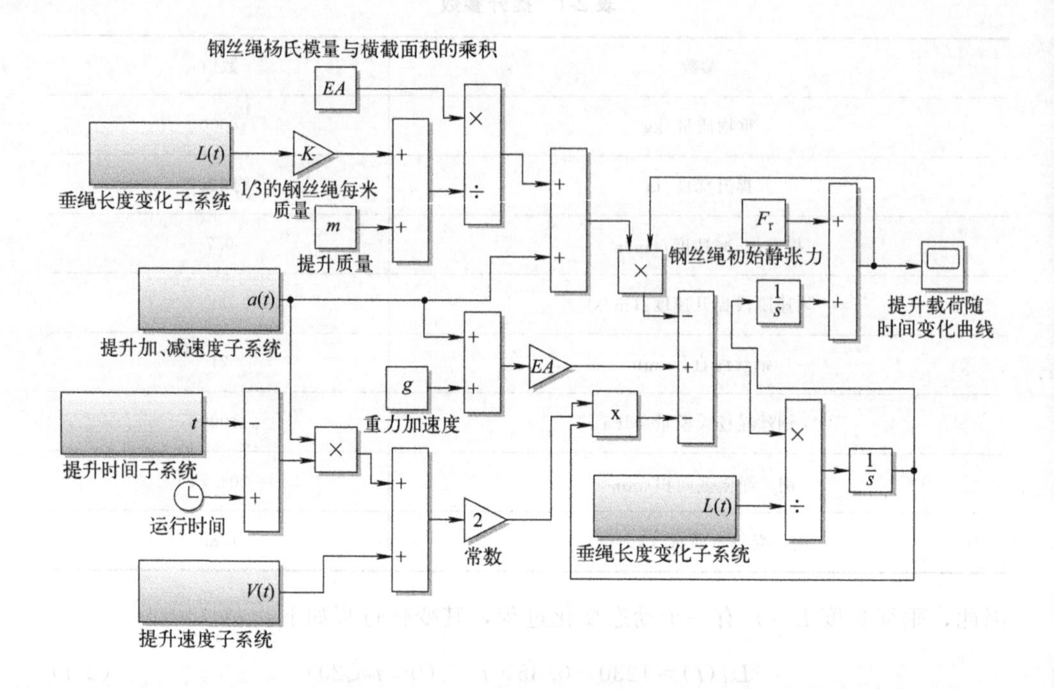

图 2-3 钢丝绳动力学模型

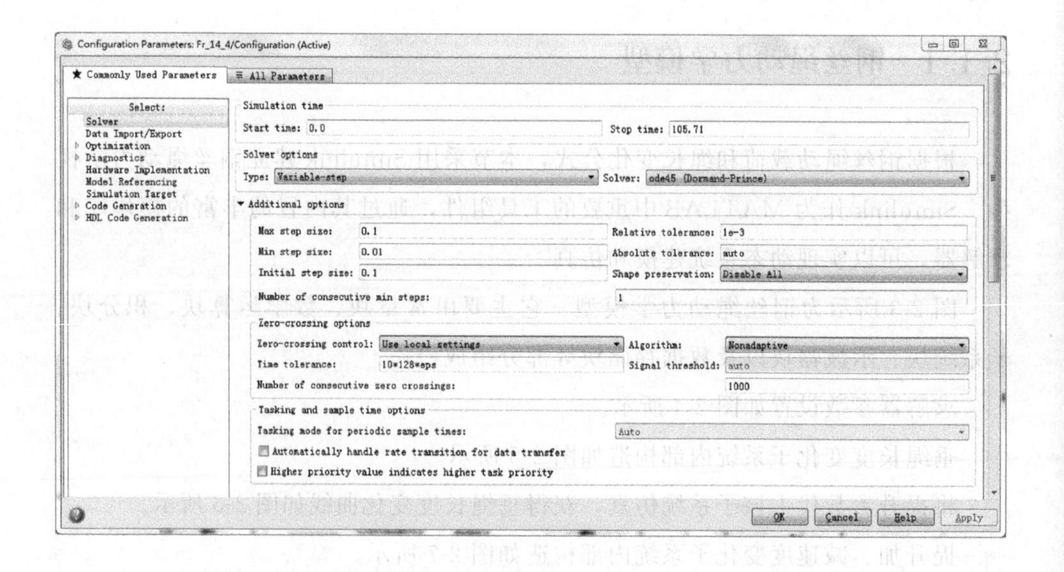

图 2-4 求解器参数设置

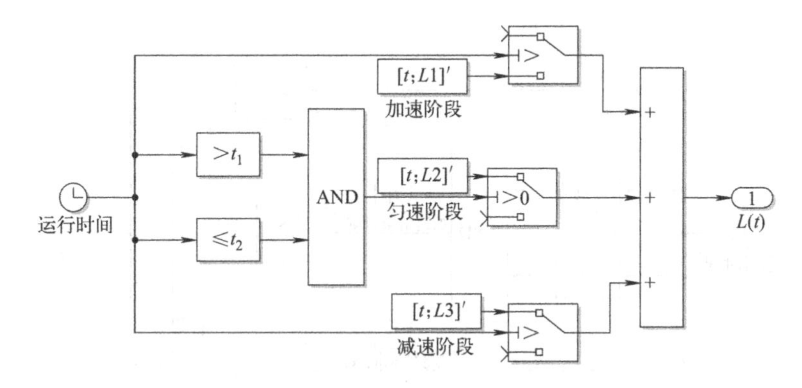

图 2-5 垂绳长度变化子系统

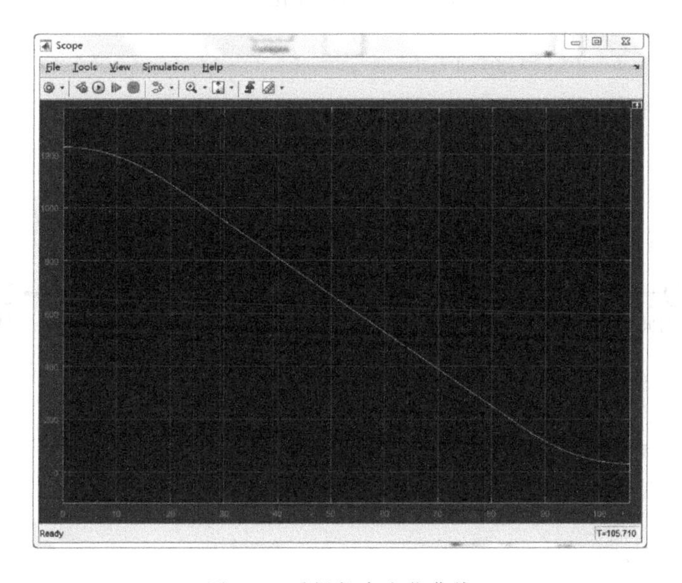

图 2-6 垂绳长度变化曲线

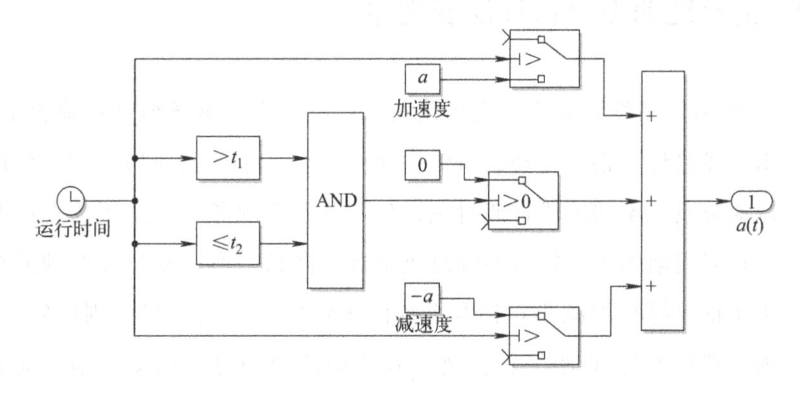

图 2-7 提升加、减速度变化子系统

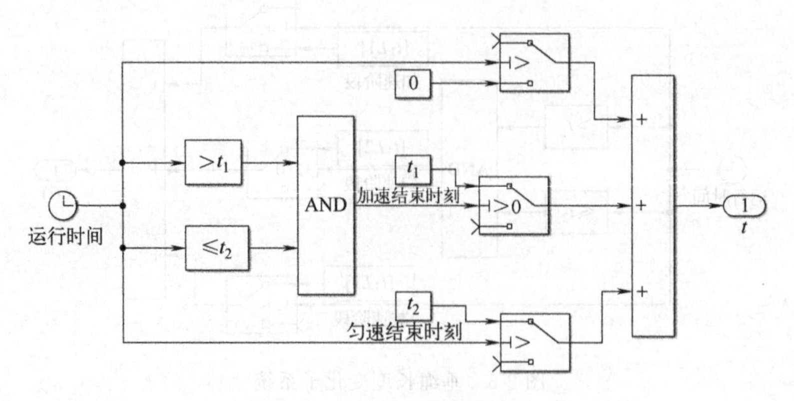

图 2-8 提升时间变化子系统

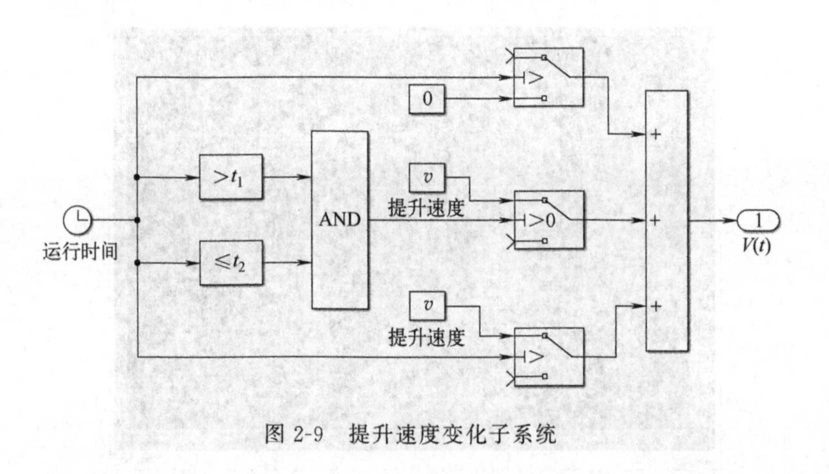

图 2-9 提升速度变化子系统

2.1.2 钢丝绳动力学特性演变规律

图 2-10 所示为钢丝绳动载荷变化曲线。可以看出，钢丝绳动载荷上下波动，并且呈现出下降趋势。钢丝绳动载荷变化曲线分为三个不同阶段：加速阶段、匀速阶段和减速阶段，不同阶段过渡时刻发生“阶跃”现象。这是因为在提升过程中，钢丝绳长度逐渐缩短，提升系统总质量逐渐降低，所以钢丝绳受到的拉力逐渐减小。由于钢丝绳长度减小，提升系统的等效质量和钢丝绳的刚度发生改变，导致钢丝绳动载荷发生波动[10]。此外，在不同阶段的过渡时刻，钢丝绳加速度发生改变，造成提升系统受到惯性力和柔性冲击[11]，因此，钢丝绳动载荷发生

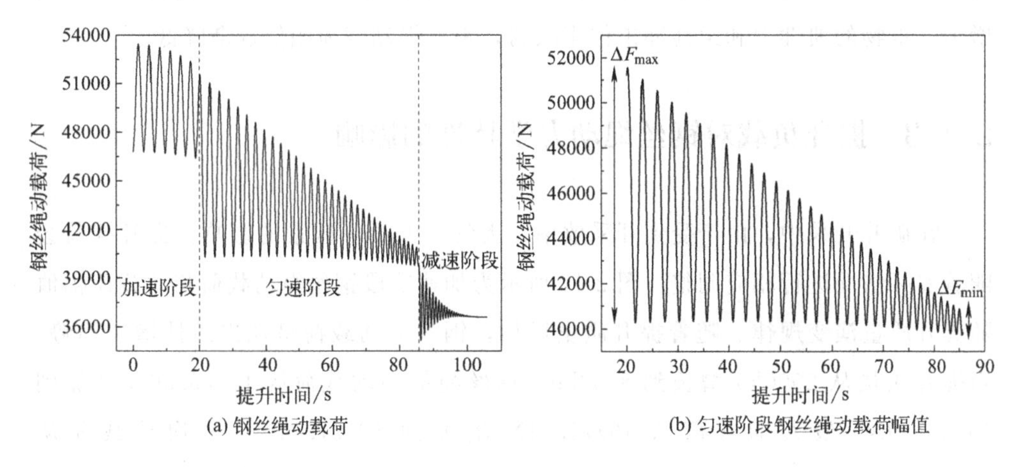

(a) 钢丝绳动载荷　　(b) 匀速阶段钢丝绳动载荷幅值

图 2-10　钢丝绳动载荷随提升时间变化曲线

“阶跃”现象。由图 2-10（b）可以发现，在匀速阶段钢丝绳的动载荷波动幅度逐渐减小，并且动载荷大小也急剧降低，这说明垂绳长度变化对钢丝绳动载荷的影响明显。

图 2-11 所示为不同提升阶段钢丝绳动载荷和动载荷幅值随提升时间变化趋势。在整个提升过程中，钢丝绳动载荷呈现出降低趋势，这是由钢丝绳长度逐渐减小导致的。由图 2-11（b）可知，单次循环下钢丝绳动载荷幅值整体上呈现出逐渐减小的变化趋势，但是在不同提升阶段过渡时刻存在“不连续”现象。这主要是由于提升加速度改变引起反向惯性力和柔性冲击作用，导致钢丝绳动载荷在

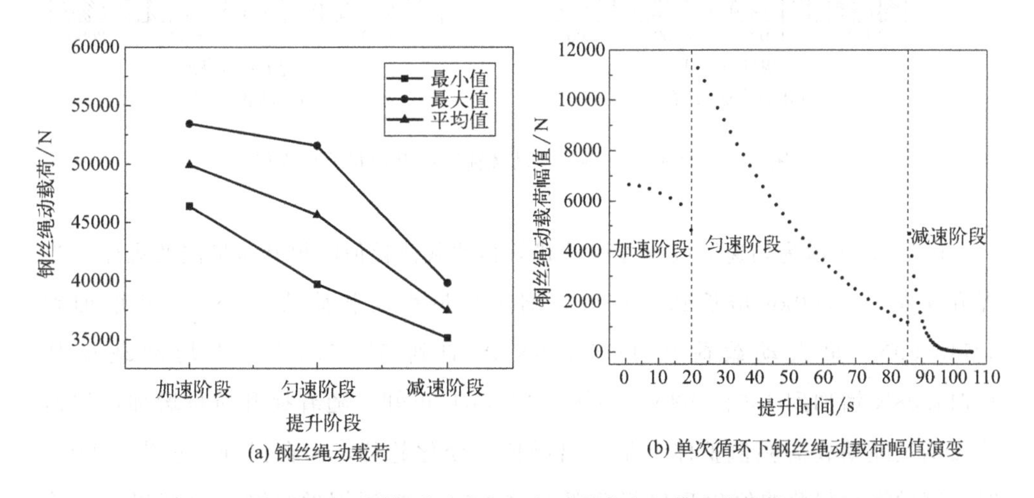

(a) 钢丝绳动载荷　　(b) 单次循环下钢丝绳动载荷幅值演变

图 2-11　不同提升阶段钢丝绳动载荷和幅值变化趋势

过渡时刻出现“松弛”现象，造成钢丝绳动载荷幅值急剧增加。而随着提升时间增加，重物的惯性力和柔性冲击作用减弱，钢丝绳动载荷幅值逐渐降低。

2.1.3 提升负载对钢丝绳动力学特性的影响

在矿井开采中，由于受到开采效率、天气、人员等因素的影响，提升载荷会随着实际情况进行相应调整。图 2-12 所示为加速阶段钢丝绳动载荷和动载荷幅值随提升质量演变规律。随着提升质量增加，钢丝绳动载荷呈现出线性增长趋势。当提升质量从 2000kg 增长到 8000kg，钢丝绳最小动载荷从 16726.56N 增加到 46403.89N，最大动载荷从 19871.91N 增加到 53457.21N，平均动载荷从 18299.23N 增加到 49930.55N。由图 2-12（b）可知，随着提升质量增加，钢丝绳动载荷幅值随之增加，这意味着加速阶段提升的物料越重，钢丝绳动载荷波动幅度增加，钢丝绳将受到更大的交变载荷，越容易造成疲劳断裂。

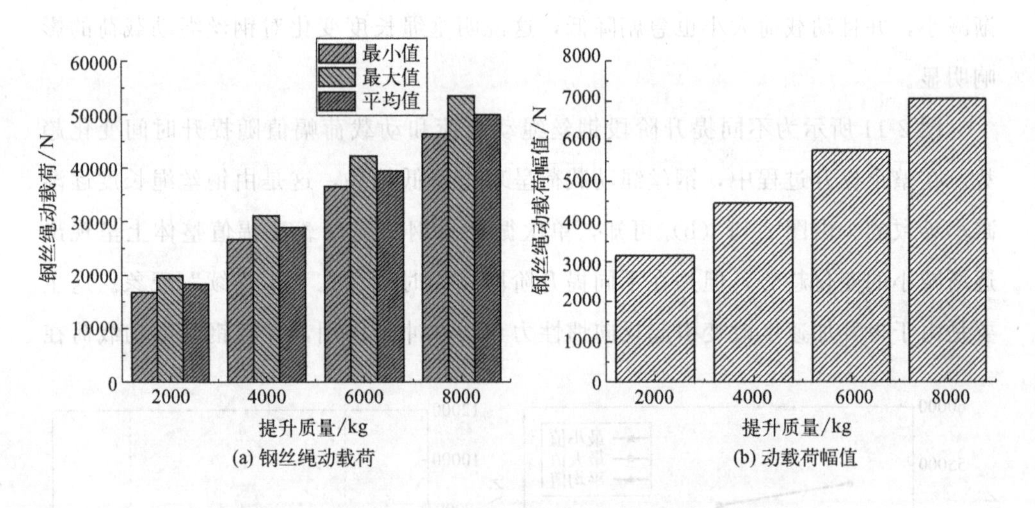

图 2-12 加速阶段钢丝绳动载荷随提升质量演变规律

图 2-13 所示为匀速阶段钢丝绳动载荷和动载荷幅值随提升质量演变规律。当提升质量从 2000kg 增长到 8000kg，钢丝绳最小动载荷从 10668.82N 增加到 39715.59N，最大动载荷从 18759.33N 增加到 51567.47N，平均动载荷从 14714.08N 增加到 45641.53N。由图 2-13（b）可知，随着提升质量增加，匀速阶段钢丝绳动载荷幅值整体上呈现出增长的变化趋势，而在提升质量为 6000kg 时，钢丝绳动载荷幅值出现轻微降低，这可能是受到钢丝绳刚度改变以及“阶

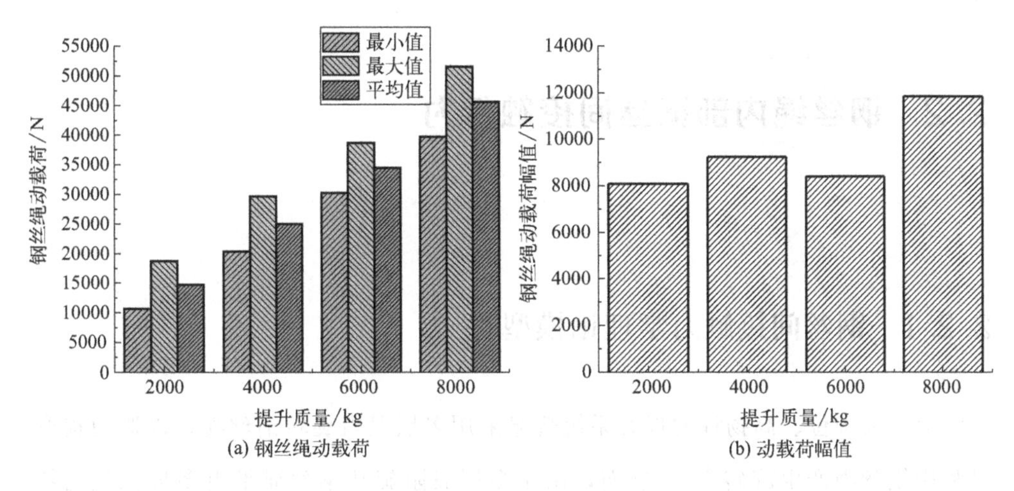

(a) 钢丝绳动载荷　　(b) 动载荷幅值

图 2-13　匀速阶段钢丝绳动载荷随提升质量演变规律

跃”现象的影响导致的。

图 2-14 所示为减速阶段钢丝绳动载荷和动载荷幅值随提升质量演变规律。当提升质量从 2000kg 增长到 8000kg，钢丝绳最小动载荷从 9198.02N 增加到 35141.46N，最大动载荷从 10992.11N 增加到 39829.41N，平均动载荷从 10095.06N 增加到 37485.43N。由图 2-14（b）可知，随着提升质量增加，减速阶段钢丝绳动载荷幅值随之增加。这是因为从匀速阶段到减速阶段的过渡时刻，钢丝绳受到由加速度改变引起的反向惯性力和柔性冲击作用，当提升质量增加，重物的反向惯性力和柔性冲击将会增强，导致钢丝绳动载荷幅值增加。

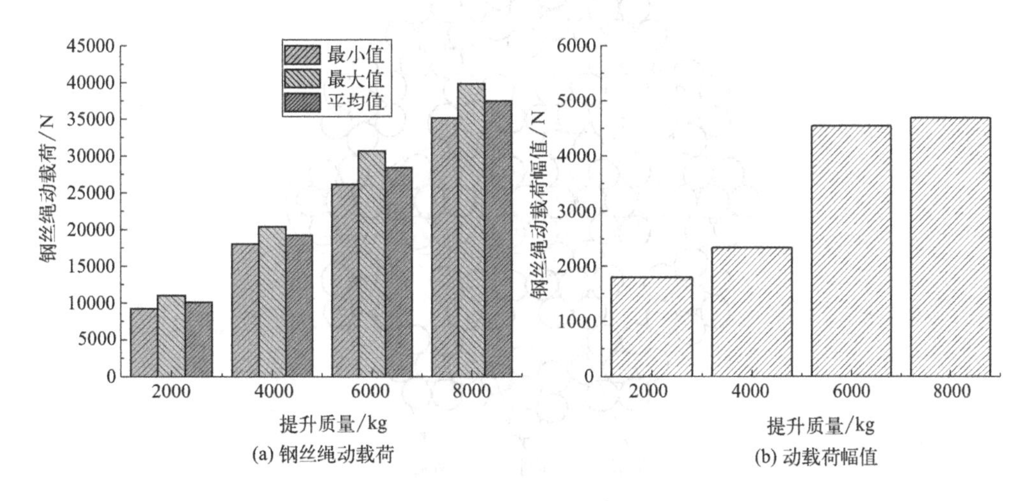

(a) 钢丝绳动载荷　　(b) 动载荷幅值

图 2-14　减速阶段钢丝绳动载荷随提升质量演变规律

2.2 钢丝绳内部钢丝间接触行为

2.2.1 钢丝间接触力学理论模型

对于大吨位、高扬程的提升系统普遍采用多层股阻旋转钢丝绳，以避免提升过程中钢丝绳产生旋转[12]。然而，由于多层股阻旋转钢丝绳是由多根钢丝捻绕而成的空间螺旋结构体，在提升过程中，钢丝绳受到自身质量和重物的重力，钢丝绳内部钢丝间产生接触力，结合钢丝绳振动引起的内部钢丝间相对滑动，导致钢丝表面产生微动磨损，并在循环载荷的作用下发生微动疲劳，造成钢丝疲劳断裂失效，最终导致钢丝绳承载性能和服役寿命的降低。因此，探究多层股阻旋转钢丝绳内部钢丝间接触行为，从而为研究钢丝绳内部钢丝间摩擦磨损特性提供重要的参照数据。

本书所研究的18×7+IWS多层股阻旋转钢丝绳的截面如图2-15所示，详细的结构参数如表2-2所示。

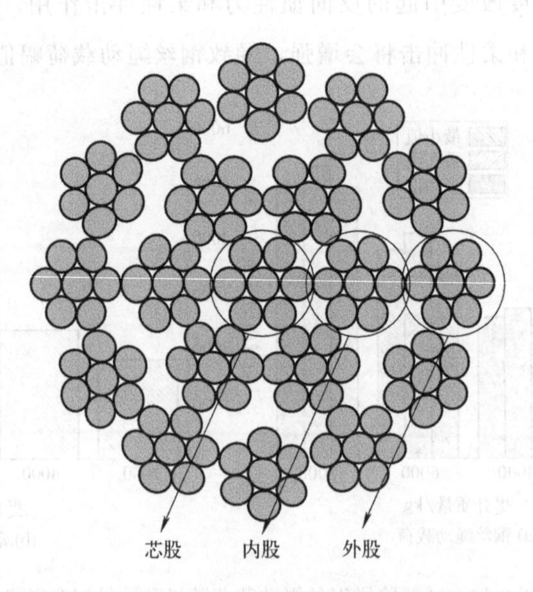

图2-15 18×7+IWS多层股阻旋转钢丝绳截面

表 2-2 多层股阻旋转钢丝绳结构参数

结构	股直径/mm	股捻角/(°)	股捻距/mm	钢丝层	丝直径/mm	丝捻角/(°)	丝捻距/mm
芯股	4.2	0	—	芯丝	1.4	—	—
				外丝	1.4	13.03	38
内股	4.2	19.14	76	芯丝	1.4	—	—
				外丝	1.4	13.03	38
外股	4.2	19.75	147	芯丝	1.4	—	—
				外丝	1.4	13.03	38

拉伸载荷下钢丝绳内部第 l 股第 k 层钢丝拉力为[13,14]：

$$F_{kl}=\frac{\dfrac{\cos^2\beta_l}{1+v_l\cdot\sin^2\beta_l}\cdot\dfrac{\cos^2\alpha_{kl}}{1+v_{kl}\cdot\sin^2\alpha_{kl}}\cdot E_{kl}\cdot A_{kl}}{\sum\limits_{j=0}^{n}\left(z_j\cdot\dfrac{\cos^3\beta_j}{1+v_j\cdot\sin^2\beta_j}\cdot\sum\limits_{i=0}^{n_{wj}}z_{ij}\cdot\dfrac{\cos^3\alpha_{ij}}{1+v_{ij}\cdot\sin^2\alpha_{ij}}\cdot E_{ij}\cdot A_{ij}\right)}\cdot S \tag{2-7}$$

式中，β_l 为第 l 股捻角，(°)；v_l 为第 l 股泊松比；α_{kl} 为第 l 股第 k 层钢丝捻角，(°)；v_{kl} 为第 l 股第 k 层钢丝泊松比；E_{kl} 为第 l 股第 k 层钢丝杨氏模量，MPa；A_{kl} 为第 l 股第 k 层钢丝横截面积，mm^2；n 为绳股层数，一共三层（芯股、内股和外股）；z_j 为第 j 层绳股数量；β_j 为第 j 层绳股捻角，(°)；v_j 为第 j 层绳股泊松比；n_{wj} 为绳股中钢丝层数，一共两层（芯丝和侧丝）；z_{ij} 为第 j 股第 i 层钢丝数量；α_{ij} 为第 j 股第 i 层钢丝捻角，(°)；v_{ij} 为第 j 股第 i 层钢丝泊松比；E_{ij} 为第 j 股第 i 层钢丝杨氏模量，MPa；A_{ij} 为第 j 股第 i 层钢丝横截面积，mm^2。

钢丝的泊松比一般为 0.3，它反映为钢丝在受到拉伸载荷下横向收缩率。与长度相关的钢丝间径向力很小，绳股和钢丝的直径以及缠绕半径的减小主要是由钢丝受到拉伸导致的[13,14]。此外，钢丝绳内部绳股的泊松比为绳股受到拉伸载荷导致绳股及钢丝间隙减小引起的，在实际工况下很难确定，并且对受拉伸载荷下钢丝绳内部钢丝拉力的计算影响较小，可以忽略不计[14]。因此，拉伸载荷下钢丝绳内部第 l 股第 k 层钢丝拉力为[14,15]：

$$F_{kl}=\frac{\cos^2\beta_l\cdot\cos^2\alpha_{kl}\cdot E_{kl}\cdot A_{kl}}{\sum_{j=0}^{n}\left(z_j\cdot\cos^3\beta_j\cdot\sum_{i=0}^{n_{wj}}z_{ij}\cdot\cos^3\alpha_{ij}\cdot E_{ij}\cdot A_{ij}\right)}\cdot S \tag{2-8}$$

钢丝绳内部钢丝滑动位移为[14,15]：

$$\Delta D_{ij}=\frac{L\cdot\Delta F_{ij}}{\cos\beta_j\cdot\cos\alpha_{ij}\cdot E_{ij}\cdot A_{ij}} \tag{2-9}$$

式中，ΔD_{ij} 为第 j 股第 i 层钢丝因拉伸变形所产生的滑动位移，μm；L 为钢丝绳捻距，mm；ΔF_{ij} 为第 j 股第 i 层钢丝拉力变化幅值，即提升过程中第 j 股第 i 层钢丝拉力最大值与最小值的差值，N。

钢丝绳内部第 j 股第 i 层钢丝间接触力为[16]：

$$P_{ij}=0.5\cdot F_{ij}\cdot\sin(2\cdot\alpha_{ij}) \tag{2-10}$$

绳股内相邻层钢丝间接触力为[16]：

$$P_{i(i+1)j}=F_{(i+1)j}\cdot\sin\gamma \tag{2-11}$$

式中，γ 为松捻角，与绳股侧丝的捻角有关。当 $\alpha_{(i+1)j}\leqslant 6°$ 时，$\gamma=60°$；当 $6°<\alpha_{(i+1)j}\leqslant 12°$ 时，$\gamma=50°$；当 $12°<\alpha_{(i+1)j}$ 时，$\gamma=40°$。

由于芯股侧丝数量等于内股侧丝数量，并且芯股捻向与内股绕绳轴线的捻向相同。因此，芯股与内股钢丝间接触力为[17]：

$$P_{01}=\frac{F_{j=1}\cdot\sin^2\beta_n\cdot\pi\cdot\sin\theta_S}{z\cdot\sin(\theta_R-\theta_S)} \tag{2-12}$$

式中，$F_{j=1}$ 为内股的拉力，N；β_n 为内股的捻角，(°)；θ_S 为 $\arctan(L_s/\pi\cdot d_{cs})$；$\theta_R$ 为 $\arctan(L_R/\pi\cdot d_{cs})$；$L_S$ 为绳股捻距，mm；L_R 为内股绕绳轴线的捻距，mm；d_{cs} 为芯股外切圆直径，mm；z 为绳股的侧丝数量。

对于内股与外股钢丝间接触，此时内股捻向与外股捻向相反，上述公式不再适用。将多层股阻旋转钢丝绳的绳股简化为一根钢丝，当内丝缠绕在芯丝上时，内丝与芯丝之间的径向接触力为[17]：

$$p=\frac{\sin^2\beta_1}{r_1}\cdot F_1 \tag{2-13}$$

式中，r_1 为内丝截面形心所在柱面半径（即内股圆心所在螺旋半径），mm；β_1 为芯丝与内丝的交叉角度，(°)；F_1 为内丝拉力，N。

当外丝以一定的捻角缠绕在内丝上，且外丝与内丝的捻向相反时，内丝与外丝间径向接触力为[18]：

$$p=\frac{\cos\beta_2 \cdot \sin^2\beta_2}{r_2} \cdot F_2 \tag{2-14}$$

式中，r_2 为外丝截面形心所在柱面半径（即外股圆心所在螺旋半径），mm；β_2 为内丝与外丝交叉角度，(°)；F_2 为外丝拉力，N。

由 Costello 的研究理论[19] 可知，对于单捻股，即一根芯丝、六根侧丝的钢丝绳，芯丝与侧丝沿接触线的单位长度接触载荷，即接触均布载荷为：

$$F_c=-X \cdot \sqrt{\frac{l^2+[2 \cdot \pi \cdot (R_{01}+R_{02})]^2}{l^2+(2 \cdot \pi \cdot R_{01})^2}} \tag{2-15}$$

式中，l 为侧丝捻距，mm；R_{01} 为芯丝半径，mm；R_{02} 为侧丝半径，mm；X 为芯丝与侧丝间径向接触力，N。

由单捻股钢丝绳的接触均布载荷公式可以推导出多层股阻旋转钢丝绳的内股与外股间接触均布载荷公式，如式（2-16）所示[20]：

$$F_c=-X_c \cdot \sqrt{\frac{l_2^2+[2 \cdot \pi \cdot (R_0+2 \cdot R_1+R_2)]^2}{l_2^2+[2 \cdot \pi \cdot (R_0+2 \cdot R_1)]^2}} \tag{2-16}$$

式中，l_2 为外股捻距，mm；R_0 为芯股半径，mm；R_1 为内股半径，mm；R_2 为外股半径，mm；X_c 为内股与外股间径向均布载荷，值等于式（2-14）中内丝与外丝间径向接触力，N。

此外，在 Costello 理论中，接触均布载荷是钢丝间接触关系为线接触时的接触载荷，而在多层股阻旋转钢丝绳中内股与外股的接触形式为点接触，因此采用 Costello 理论来计算多层股阻旋转钢丝绳内股与外股间接触载荷时，应将内股与外股间接触载荷均布到接触钢丝表面的接触点上。

对于多层股阻旋转钢丝绳，其外股任一侧丝与内股侧丝接触，相邻两个接触点沿股轴线方向的距离为定值，当忽略捻制时外股在绳中的自转角度时，可近似等于外股侧丝的捻距。一个捻距 L 内任意一外股上的接触点数为[21]：

$$n=\frac{n_g \cdot l_2}{l_w \cdot \sin\alpha_w} \tag{2-17}$$

因此，对于一个捻距长度的钢丝绳，内股和外股侧丝接触点的接触载荷为[21]：

$$F=\frac{F_c \cdot l_2}{n \cdot \sin\alpha_w}=\frac{F_c \cdot l_w}{n_g} \tag{2-18}$$

式中，n_g 为外股外丝数；l_w 为外股外丝捻距，mm；α_w 为外股的螺旋角，(°)。

同层绳股钢丝间接触力为[17]：

$$P_j = \frac{F_j \cdot \sin^2\beta_j}{r_j} \cdot \frac{L_S}{z} \tag{2-19}$$

式中，r_j 为绳股截面形心所在柱面半径（即内股或外股圆心所在的螺旋半径），mm。

2.2.2 钢丝间接触力学仿真模型

根据多层股阻旋转钢丝绳内部钢丝接触公式，建立钢丝拉力 Simulink 仿真模型，如图 2-16 所示。

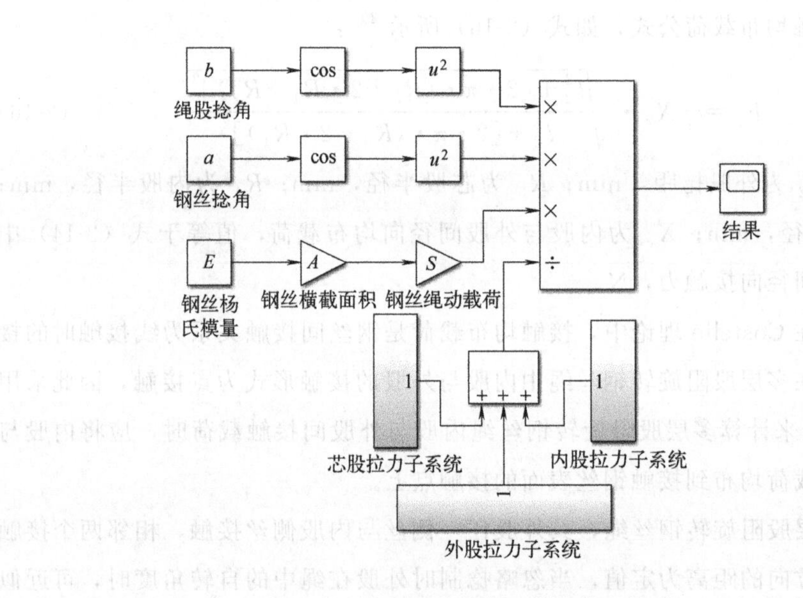

图 2-16 钢丝绳内部钢丝拉力仿真模型

由于多层股阻旋转钢丝绳的芯股、内股以及外股的结构相同，均为六根侧丝以相同的捻角缠绕在芯丝上。因此芯股、内股以及外股的钢丝拉力子系统结构相同，只是参数不同，其子系统模型如图 2-17 所示。

钢丝绳内部钢丝滑动位移 Simulink 仿真模型如图 2-18 所示。

绳股内同层钢丝间接触力 Simulink 仿真模型如图 2-19 所示。

绳股内不同层钢丝间接触力 Simulink 仿真模型如图 2-20 所示。

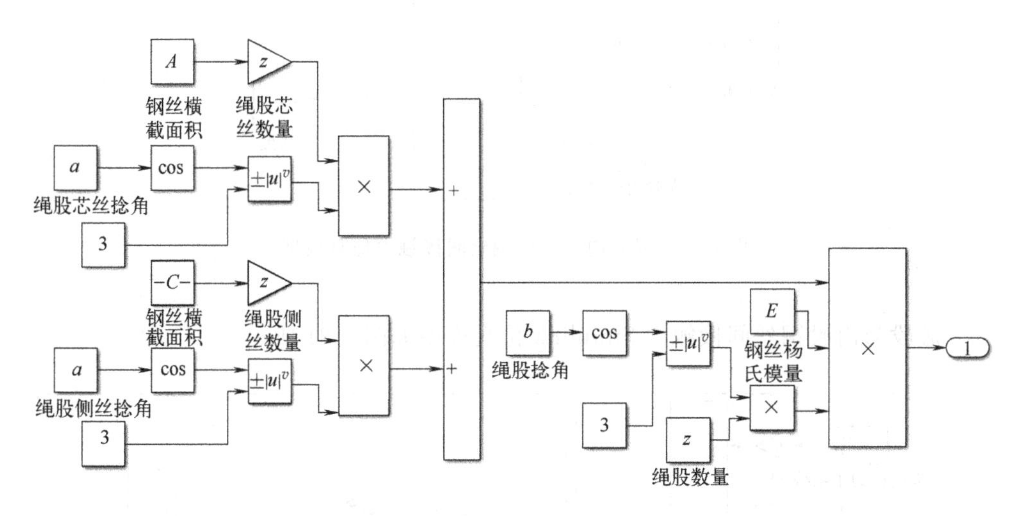

图 2-17 钢丝绳内部绳股拉力子系统模型

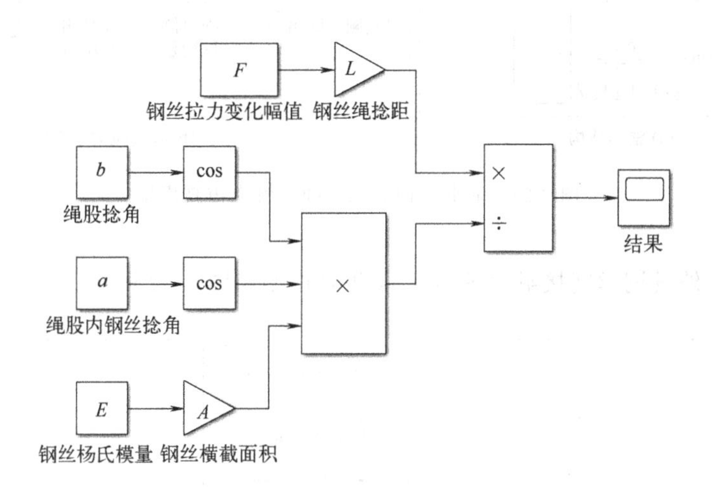

图 2-18 钢丝绳内部钢丝滑动位移仿真模型

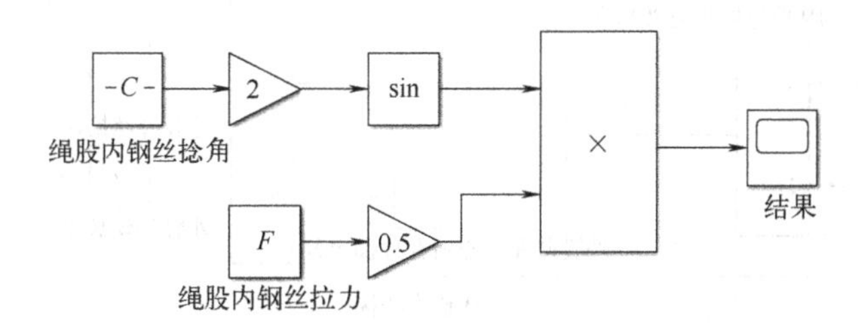

图 2-19 绳股内同层钢丝间接触力仿真模型

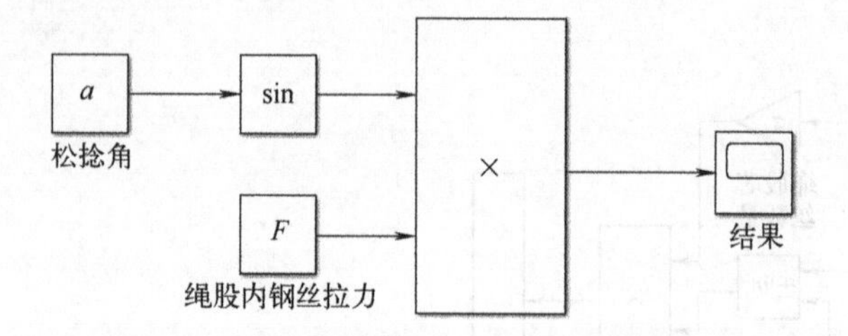

图 2-20 绳股内不同层钢丝间接触力仿真模型

芯股与内股钢丝间接触力 Simulink 仿真模型如图 2-21 所示。

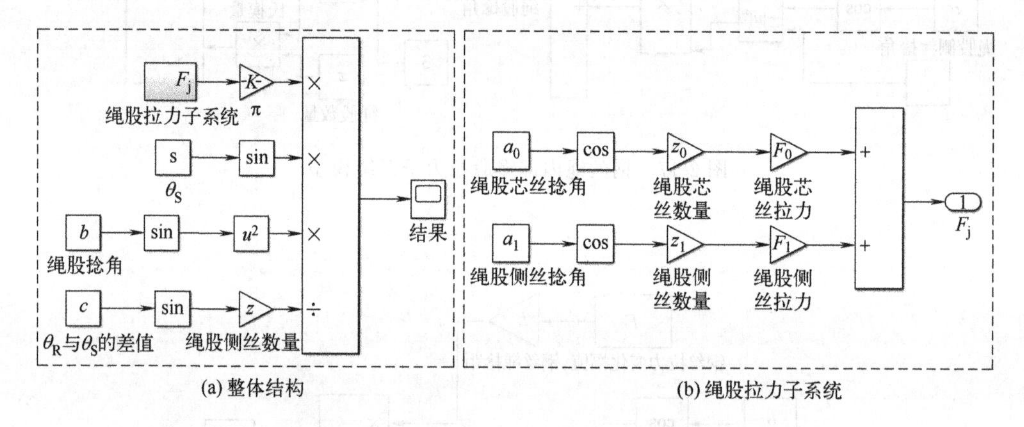

(a) 整体结构　　(b) 绳股拉力子系统

图 2-21 芯股与内股钢丝间接触力仿真模型

内股与外股钢丝间接触力 Simulink 仿真模型如图 2-22 所示。

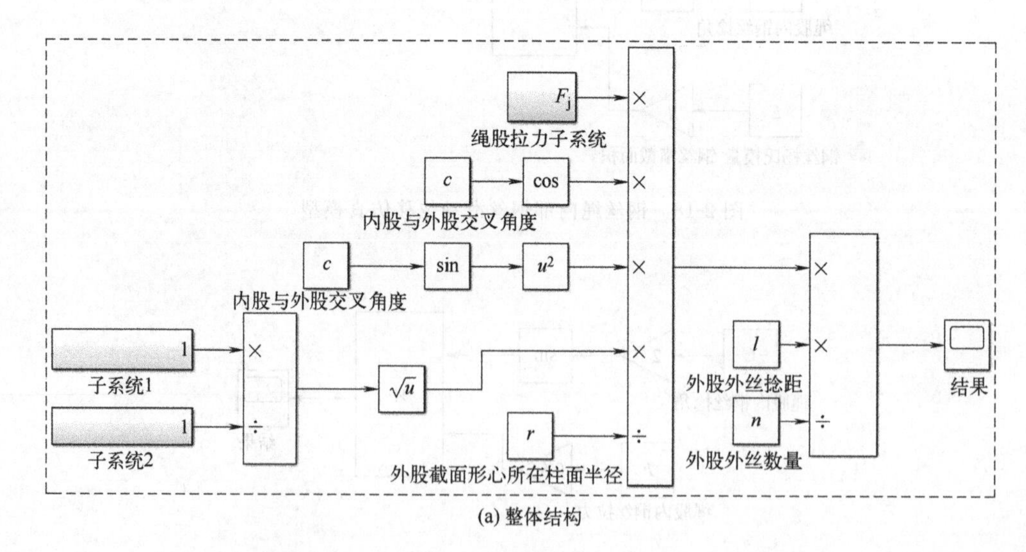

(a) 整体结构

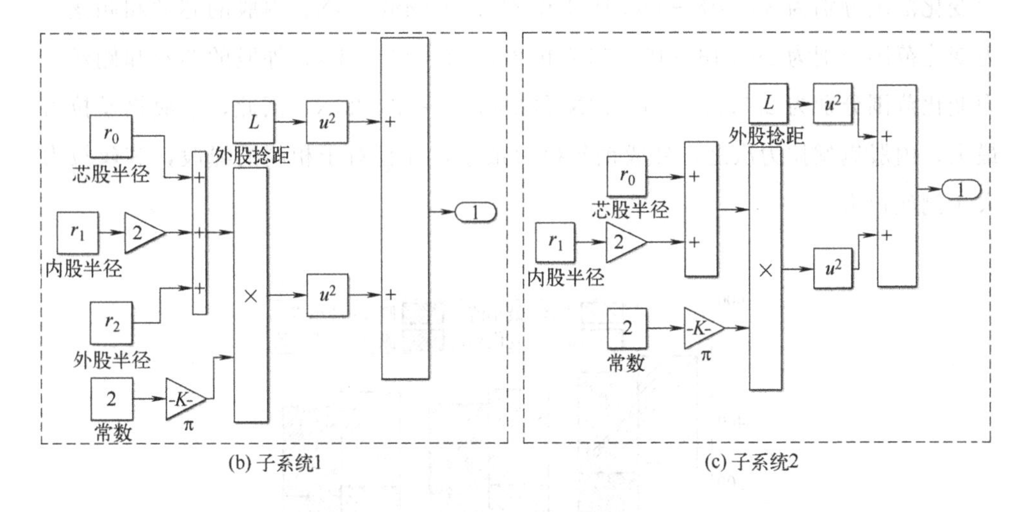

图 2-22 内股与外股钢丝间接触力仿真模型

钢丝绳内部相同层绳股钢丝间接触力 Simulink 仿真模型如图 2-23 所示。

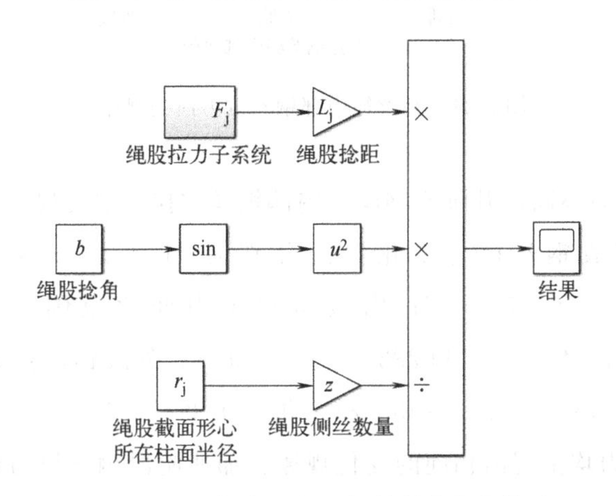

图 2-23 相同层绳股钢丝间接触力仿真模型

2.2.3 钢丝间接触力学特性演变规律

(1) 钢丝拉力

图 2-24 所示为钢丝绳内部钢丝拉力演变规律。由上节可知，钢丝绳的动载荷上下波动，导致钢丝绳内部钢丝拉力也在一定范围内波动，芯股的芯丝和侧丝拉

力变化范围分别为 334.07～508.19N 和 317.09～482.36N；内股的芯丝和侧丝拉力变化范围分别为 298.16～453.56N 和 283.01～430.51N；外股的芯丝和侧丝拉力变化范围分别为 295.92～450.16N 和 280.89～427.28N。因此，芯股钢丝拉力最大，内股钢丝拉力次之，外股钢丝拉力最小，并且对于相同的绳股，芯丝拉力大于侧丝拉力。

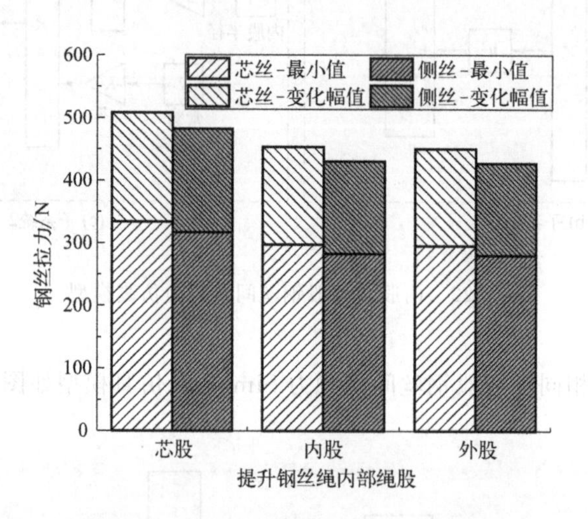

图 2-24　钢丝绳内部钢丝拉力演变规律

图 2-25 所示为不同提升阶段钢丝绳内部钢丝的拉力演变规律。在加速、匀速和减速阶段，芯股钢丝拉力变化范围分别为 418.72～508.19N、358.37～490.22N 和 317.09～378.63N；内股钢丝拉力变化范围分别为 373.71～453.56N、319.84～437.52N 和 283.01～337.93N；外股钢丝拉力变化范围分别为 370.91～450.16N、317.45～434.24N 和 280.89～335.41N。不同提升阶段钢丝绳内部钢丝拉力均呈现出相同的变化规律：加速阶段钢丝拉力最大，匀速阶段次之，减速阶段最小。这是因为随着提升时间增加，钢丝绳长度逐渐减小，导致内部钢丝受到的拉力逐渐降低。相比于加速和减速阶段，匀速阶段钢丝拉力变化范围最大，这是由于匀速阶段提升时间最长，并且钢丝绳长度以恒定速度减小，导致提升系统总质量降低最明显。

图 2-26 所示为钢丝绳内部钢丝拉力随提升质量演变规律。当提升质量从 2000kg 增加到 8000kg，芯股钢丝拉力变化范围由 83.44～188.91N 增长到 317.09～508.19N；内股钢丝拉力变化范围由 74.08～168.61N 增长到 283.01～453.56N；外股钢丝拉力变化范围由 73.52～167.34N 增长到 280.89～450.16N。

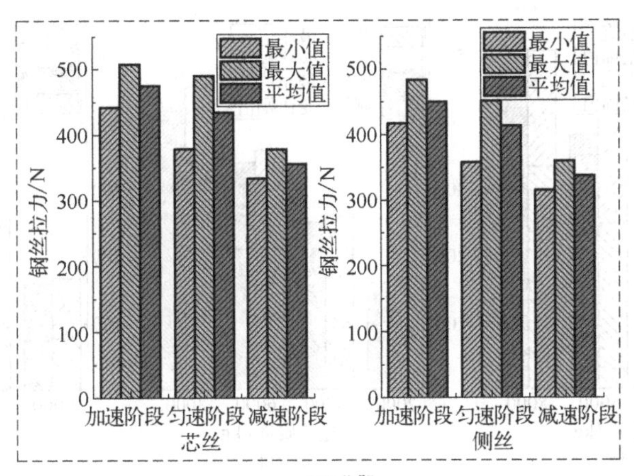

(a) 芯股

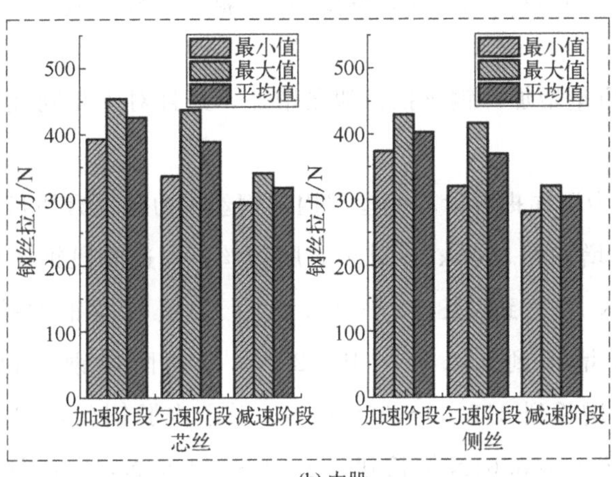

(b) 内股

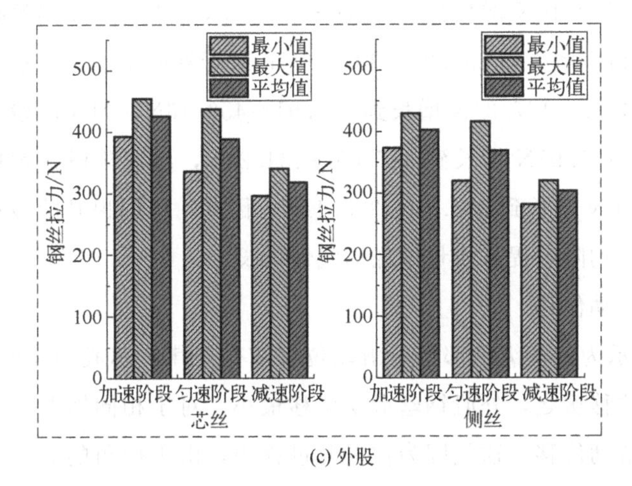

(c) 外股

图 2-25 不同提升阶段钢丝绳内部钢丝拉力演变规律

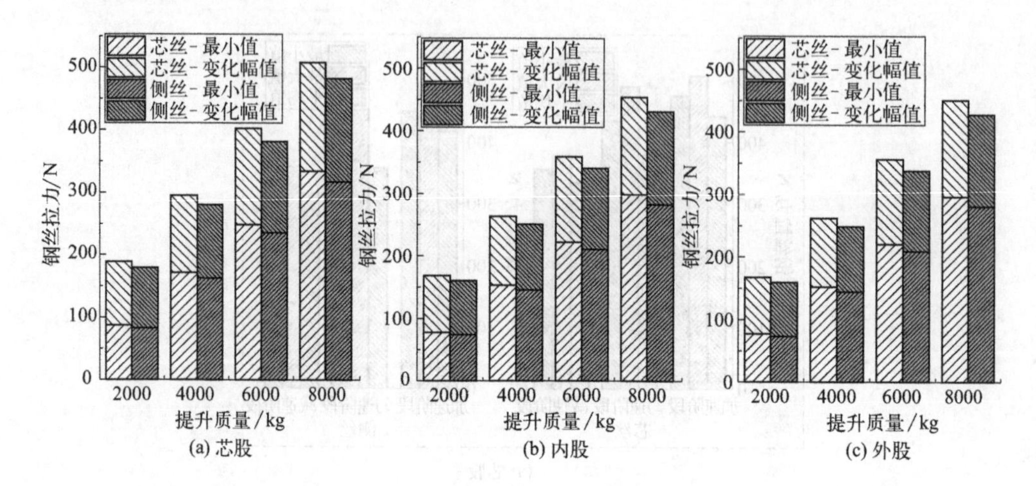

(a) 芯股 (b) 内股 (c) 外股

图 2-26 钢丝绳内部钢丝拉力随提升质量演变规律

因此，随着提升质量增加，钢丝拉力随之增加，并且对于相同绳股，芯丝拉力大于侧丝拉力。

图 2-27 所示为不同提升阶段钢丝绳内部钢丝拉力随提升质量演变规律。当提升质量从 2000kg 增加到 8000kg，对于芯股钢丝，加速阶段钢丝拉力变化范围由 150.93～188.91N 增长到 418.72～508.19N，匀速阶段钢丝拉力变化范围由 96.27～178.33N 增长到 358.37～490.22N，减速阶段钢丝拉力变化范围由 83.44～104.51N 增长到 317.09～378.63N；对于内股钢丝，加速阶段钢丝拉力变化范围由 134.71～168.61N 增长到 373.71～453.56N，匀速阶段钢丝拉力变化范围由 85.92～159.16N 增长到 319.84～437.52N，减速阶段钢丝拉力变化范围由 74.08～93.26N 增长到 283.01～337.93N；对于外股钢丝，加速阶段钢丝拉力变化范围由 133.71～167.34N 增长到 370.91～450.16N，匀速阶段钢丝拉力变化范围由 85.28～157.97N 增长到 317.45～434.24N，减速阶段钢丝拉力变化范围由 73.52～92.56N 增长到 280.89～335.41N。因此，不同提升阶段钢丝绳内部不同绳股钢丝拉力均随着提升质量增加而线性增长。

(2) 钢丝滑动位移

图 2-28 所示为钢丝绳内部钢丝滑动位移演变规律。芯股钢丝滑动位移最大，内股钢丝滑动位移次之，外股钢丝滑动位移最小。对于相同绳股，芯丝滑动位移明显大于侧丝滑动位移。这是因为在提升过程中，由于捻角的影响，钢丝绳内部芯股受到的拉力和拉力变化幅度最大，外股受到的拉力和拉力变化幅度最小，而

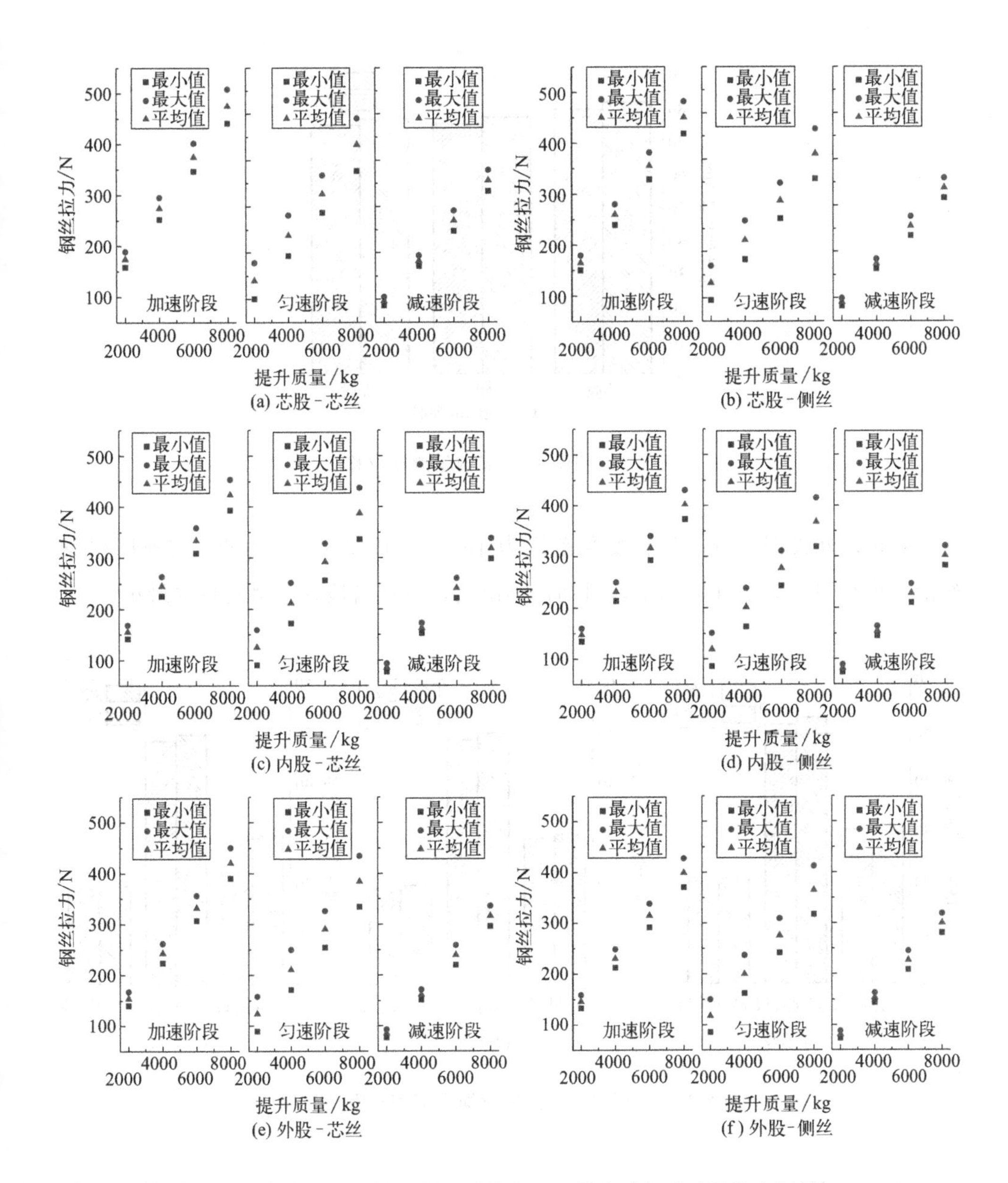

图 2-27 不同提升阶段钢丝绳内部钢丝拉力随提升质量演变规律

对于相同绳股，芯丝拉力变化幅度大于侧丝拉力变化幅度。钢丝绳内部钢丝滑动位移变化范围为 75.14～81.95μm。

图 2-29 所示为钢丝绳内部钢丝滑动位移在不同提升阶段演变规律。芯股钢丝滑动位移变化范围为 20.43～53.03μm；内股钢丝滑动位移变化范围为 19.31～

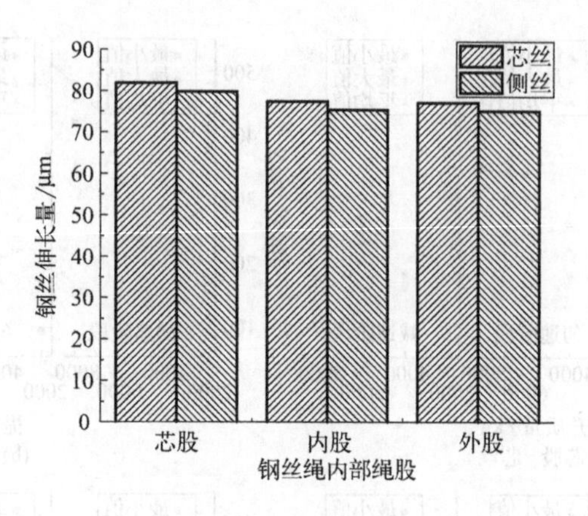

图 2-28 钢丝绳内部钢丝滑动位移

50.11μm；外股钢丝滑动位移变化范围为 19.23～49.91μm。此外，匀速阶段钢丝滑动位移最大，加速阶段钢丝滑动位移次之，减速阶段钢丝滑动位移最小。

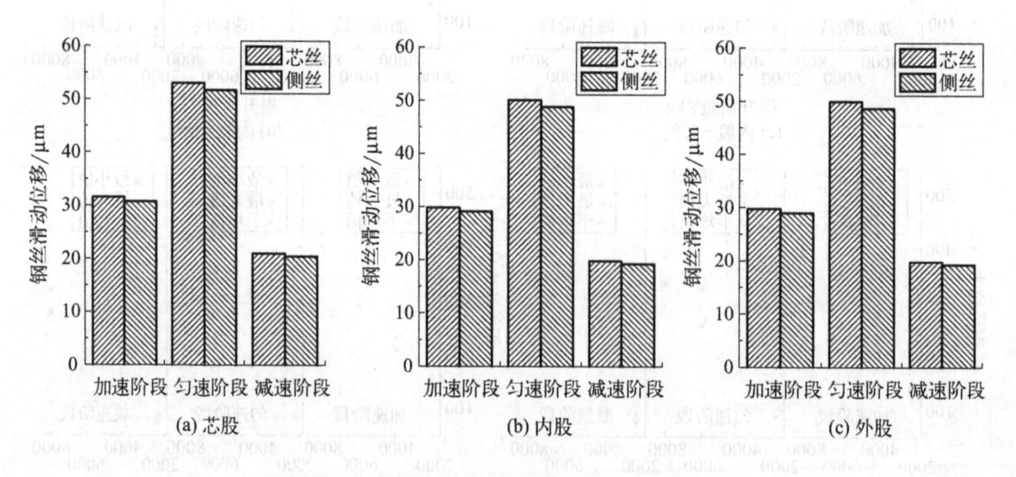

图 2-29 不同提升阶段钢丝绳内部钢丝滑动位移

图 2-30 所示为钢丝绳内部钢丝滑动位移随提升质量演变规律。当提升质量从 2000kg 增加到 8000kg，芯股钢丝滑动位移变化范围由 46.53～47.76μm 增长到 79.84～81.95μm；内股钢丝滑动位移变化范围由 43.96～45.12μm 增长到 75.43～77.42μm；外股钢丝滑动位移变化范围由 43.79～44.95μm 增长到 75.14～77.13μm。因此，钢丝绳内部不同绳股钢丝的滑动位移均随着提升质量增加呈现出几乎线性增长趋势。

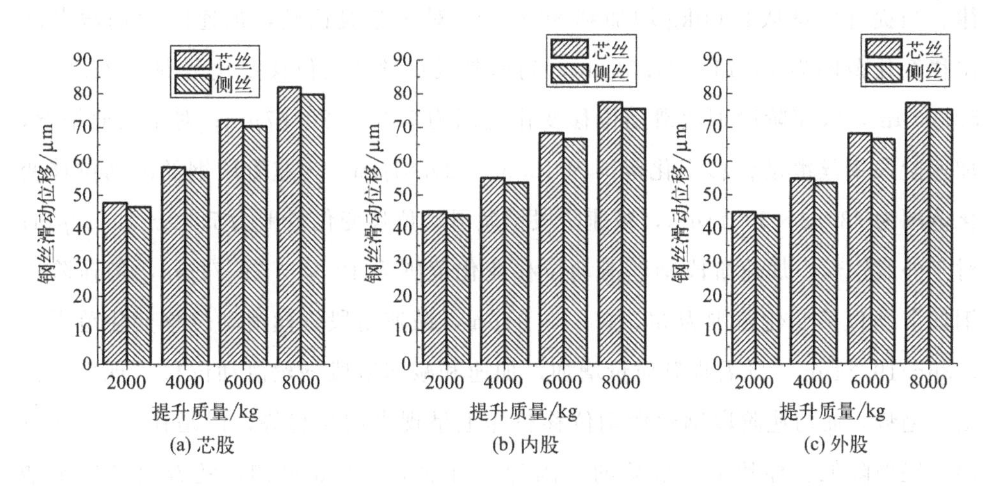

图 2-30 钢丝绳内部钢丝滑动位移随提升质量演变规律

图 2-31 所示为不同提升阶段钢丝绳内部钢丝滑动位移随提升质量演变规

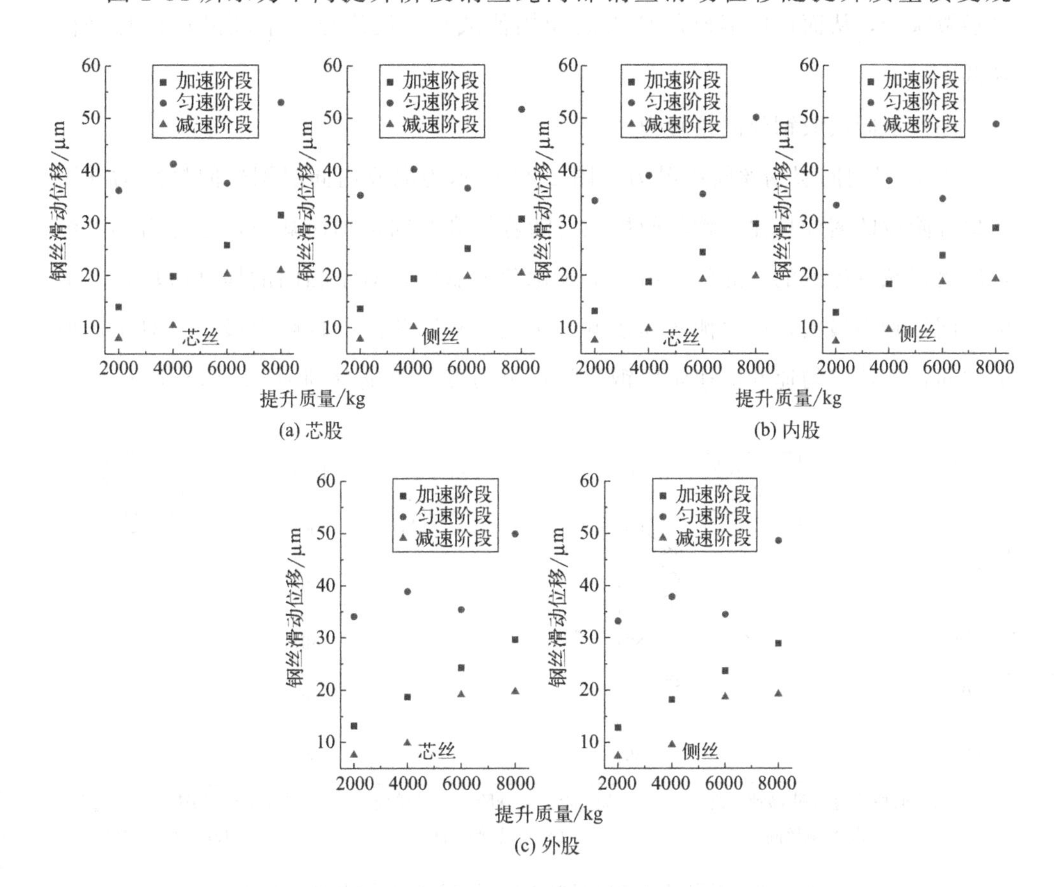

图 2-31 不同提升阶段钢丝绳内部钢丝滑动位移随提升质量演变规律

律。当提升质量从2000kg增加到8000kg，对于芯股钢丝，加速阶段钢丝滑动位移变化范围为13.71～31.56μm，匀速阶段钢丝滑动位移变化范围为35.27～53.03μm，减速阶段钢丝滑动位移变化范围为7.82～20.97μm；对于内股钢丝，加速阶段钢丝滑动位移变化范围为12.95～29.81μm，匀速阶段钢丝滑动位移变化范围为33.32～50.11μm，减速阶段钢丝滑动位移变化范围为7.39～19.82μm；对于外股钢丝，加速阶段钢丝滑动位移变化范围为12.91～29.71μm，匀速阶段钢丝滑动位移变化范围为33.19～49.91μm，减速阶段钢丝滑动位移变化范围为7.36～19.74μm。随着提升质量增加，加速和减速阶段钢丝滑动位移呈现出线性增长趋势，而匀速阶段钢丝滑动位移整体上呈现出增长趋势，但是在6000kg时出现轻微降低。导致上述现象的原因为：由章节2.2.3可知，随着提升质量增加，加速和减速阶段钢丝绳动载荷波动幅值增大，所以钢丝拉力的变化幅度增加；而匀速阶段钢丝绳动载荷波动幅值整体上呈现出增加趋势，但是在6000kg时轻微减少，从而造成钢丝的拉力波动幅值减小，最终导致钢丝滑动位移轻微降低。

(3) 不同层股钢丝间接触力

① 绳股内同层钢丝间接触力。图2-32所示为绳股内同层钢丝间接触力在不同提升阶段的演变规律。钢丝间接触力随着提升时间增加而减小，这是由钢丝绳长度逐渐减少导致的。此外，由于钢丝捻角的影响，对于相同的提升阶段，芯股侧丝间接触力最大，内股侧丝间接触力次之，外股侧丝间接触力最小。对于芯股侧丝间，加速、匀速和减速阶段钢丝间接触力变化范围分别为91.96～105.93N、

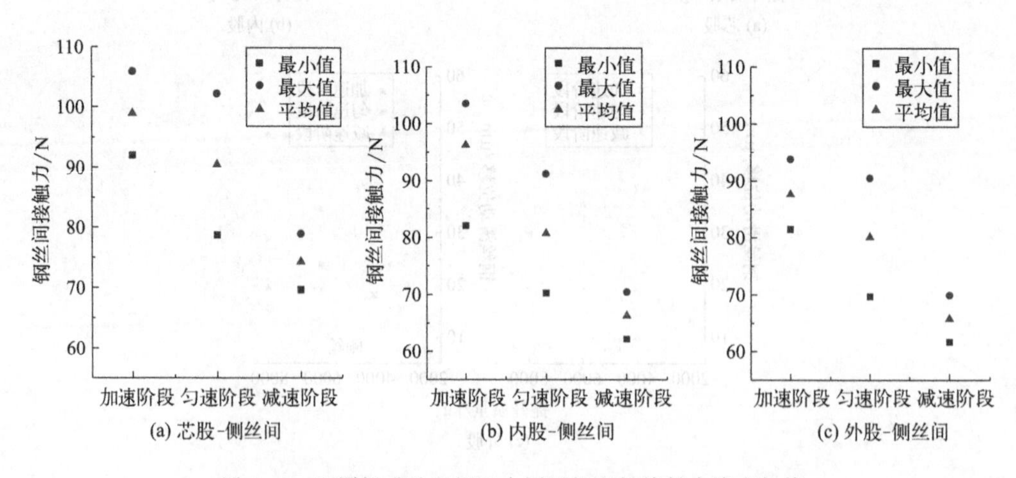

图2-32 不同提升阶段绳股内同层钢丝间接触力演变规律

78.71～102.19N、69.64～78.93N；对于内股侧丝间，加速、匀速和减速阶段钢丝间接触力变化范围分别为 82.07～94.55N、70.24～91.21N、62.15～70.44N；对于外股侧丝间，加速、匀速和减速阶段钢丝间接触力变化范围分别为 81.46～93.84N、69.72～90.52N、61.69～69.91N。

图 2-33 所示为绳股内同层钢丝间接触力随提升质量演变规律。随着提升质量增加，不同提升阶段钢丝间接触力均呈现出线性增长趋势。对于芯股侧丝间，加速阶段钢丝间接触力由 33.15～39.38N 增加到 91.96～105.93N，匀速阶段钢丝间接触力由 21.14～37.17N 增加到 78.71～102.19N，减速阶段钢丝间接触力由 18.23～21.78N 增加到 69.64～78.93N；对于内股侧丝间，加速阶段钢丝间接触力由 29.58～35.15N 增加到 82.07～94.55N，匀速阶段钢丝间接触力由 18.87～33.18N 增加到 70.24～91.21N，减速阶段钢丝间接触力由 16.27～19.44N 增加

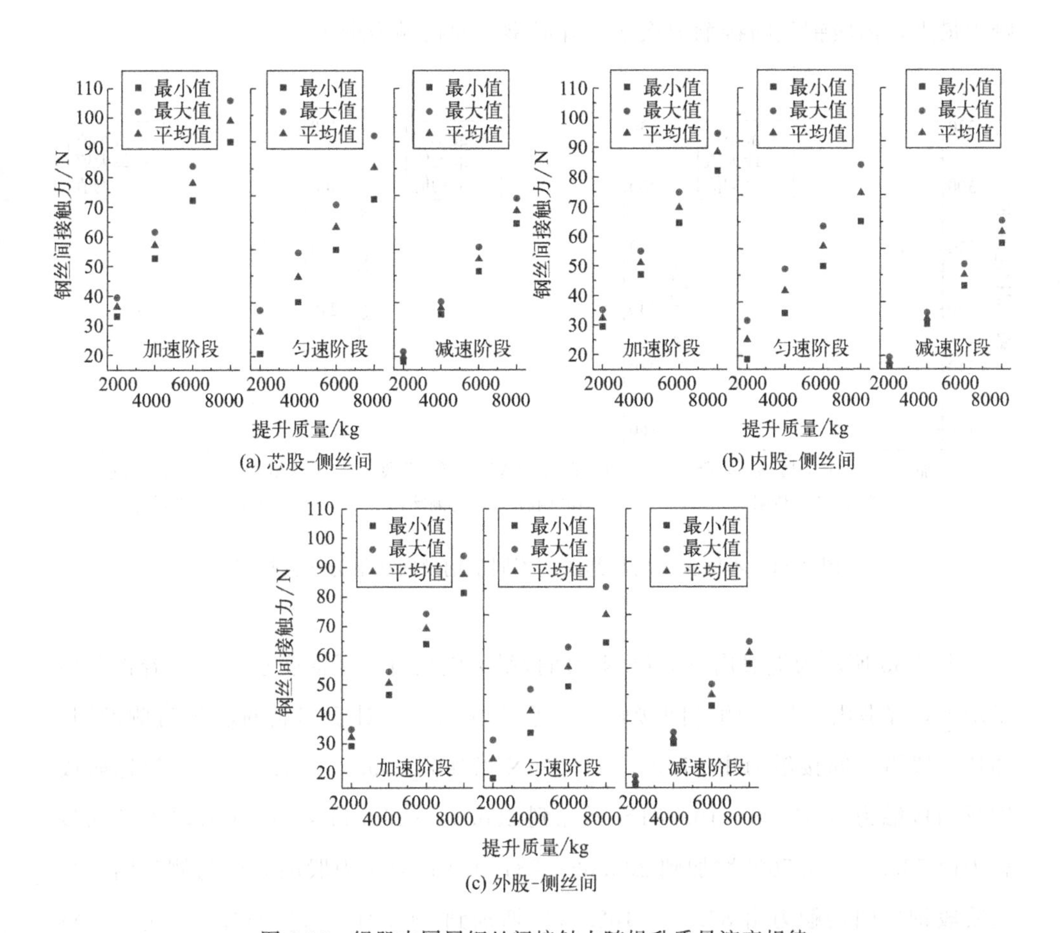

图 2-33 绳股内同层钢丝间接触力随提升质量演变规律

到 62.15～70.44N；对于外股侧丝间，加速阶段钢丝间接触力由 29.36～34.88N 增加到 81.46～93.84N，匀速阶段钢丝间接触力由 18.73～32.93N 增加到 69.72～90.52N，减速阶段钢丝间接触力由 16.15～19.31N 增加到 61.69～69.91N。

② 绳股内不同层钢丝间接触力。图 2-34 所示为绳股内不同层钢丝间接触力在不同提升阶段演变规律。对于芯股的芯丝与侧丝间，加速、匀速和减速阶段钢丝间接触力变化范围分别为 269.15～310.06N、230.35～299.11N、203.82～231.01N；对于内股的芯丝与侧丝间，加速、匀速和减速阶段钢丝间接触力变化范围分别为 240.21～276.73N、205.59～266.94N、181.91～206.18N；对于外股的芯丝与侧丝间，加速、匀速和减速阶段钢丝间接触力变化范围分别为 238.41～274.65N、204.05～264.94N、180.55～204.63N。因此，对于相同绳股，芯丝与侧丝间接触力随着提升时间增加而减小，并且对于相同提升阶段，芯股钢丝间接触力最大，内股钢丝间接触力次之，外股钢丝间接触力最小。

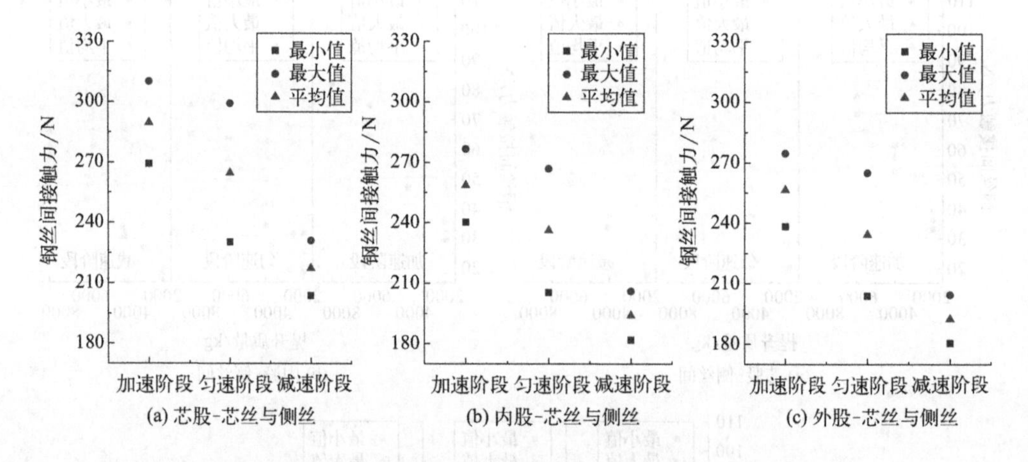

图 2-34 不同提升阶段绳股内不同层钢丝间接触力演变规律

图 2-35 所示为绳股内不同层钢丝间接触力随提升质量演变规律。随着提升质量增加，绳股内芯丝与侧丝间接触力几乎线性增加。对于芯股的芯丝与侧丝间，加速阶段钢丝间接触力由 97.02～115.26N 增加到 269.15～310.06N，匀速阶段钢丝间接触力由 61.88～108.81N 增加到 230.35～299.11N，减速阶段钢丝间接触力由 53.35～63.76N 增加到 203.82～231.01N；对于内股的芯丝与侧丝间，加速阶段钢丝间接触力由 86.59～102.87N 增加到 240.21～276.73N，匀速阶段钢丝间接触力由 55.23～97.11N 增加到 205.59～266.94N，减速阶段钢丝间接触力

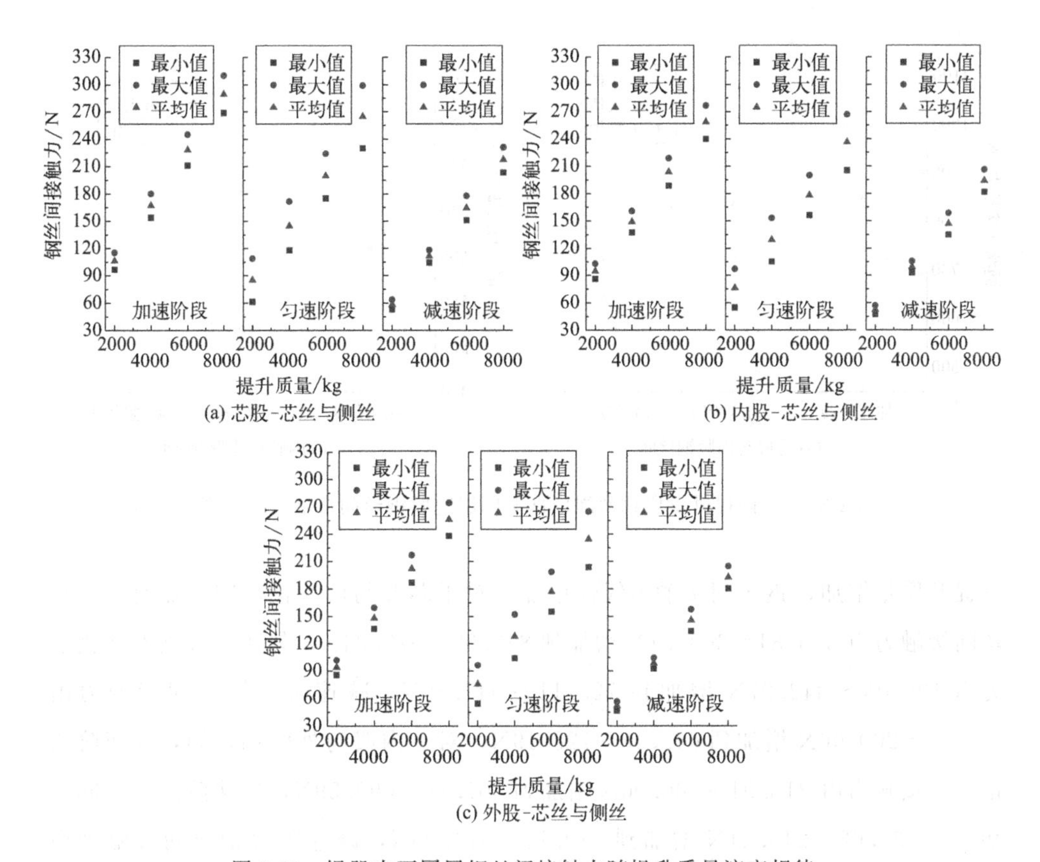

(a) 芯股-芯丝与侧丝

(b) 内股-芯丝与侧丝

(c) 外股-芯丝与侧丝

图 2-35 绳股内不同层钢丝间接触力随提升质量演变规律

由 47.61～56.91N 增加到 181.91～206.18N；对于外股的芯丝与侧丝间，加速阶段钢丝间接触力由 85.94～102.11N 增加到 238.41～274.65N，匀速阶段钢丝间接触力由 54.81～96.38N 增加到 204.05～264.94N，减速阶段钢丝间接触力由 47.26～56.48N 增加到 180.55～204.63N。

③ 不同层绳股钢丝间接触力。图 2-36 所示为钢丝绳内部不同层绳股钢丝间接触力在不同提升阶段演变规律。钢丝间接触力随着提升时间增加而明显降低，并且相比于芯股与内股钢丝间接触力，内股与外股钢丝间接触力更小。对于芯股与内股钢丝间，加速、匀速和减速阶段钢丝间接触力变化范围分别为 848.39～977.34N、726.11～942.79N、642.48～728.19N；对于内股与外股钢丝间，加速、匀速和减速阶段钢丝间接触力变化范围分别为 607.28～699.59N、519.75～674.86N、459.89～521.24N。

图 2-37 所示为钢丝绳内部不同层绳股钢丝间接触力随提升质量演变规律。随

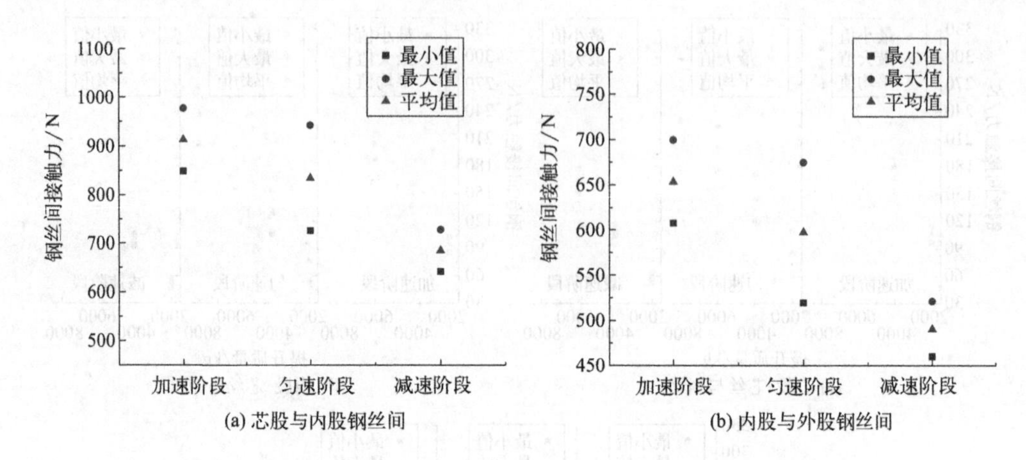

(a) 芯股与内股钢丝间　　(b) 内股与外股钢丝间

图 2-36　不同提升阶段钢丝绳内部不同层绳股钢丝间接触力演变规律

着提升质量增加，钢丝间接触力线性增加。对于芯股与内股钢丝间，加速阶段钢丝间接触力由 305.81～363.31N 增加到 848.39～977.34N，匀速阶段钢丝间接触力由 195.05～342.97N 增加到 726.11～942.79N，减速阶段钢丝间接触力由 168.16～200.96N 增加到 642.48～728.19N；对于内股与外股钢丝间，加速阶段钢丝间接触力由 218.91～260.06N 增加到 607.28～699.59N，匀速阶段钢丝间接触力由 139.62～245.51N 增加到 519.75～674.86N，减速阶段钢丝间接触力由 120.37～143.85N 增加到 459.89～521.24N。

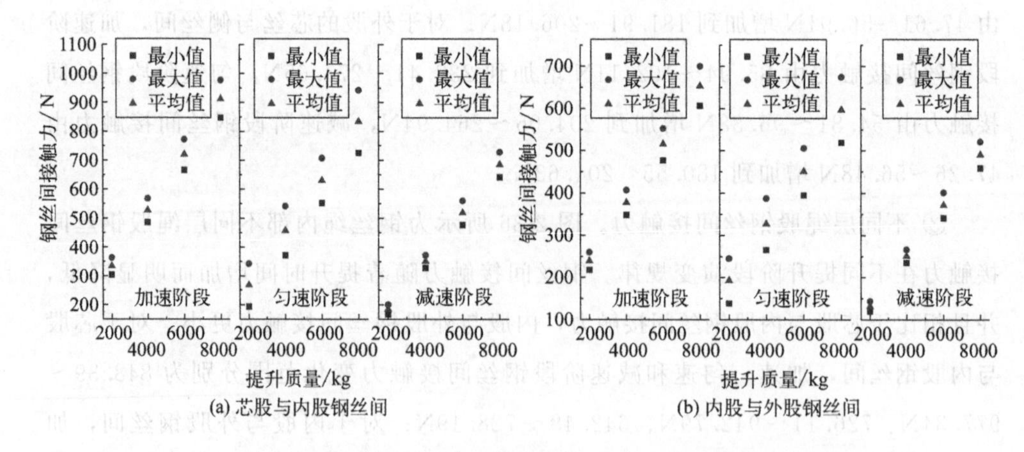

(a) 芯股与内股钢丝间　　(b) 内股与外股钢丝间

图 2-37　钢丝绳内部不同层绳股钢丝间接触力随提升质量演变规律

④ 同层绳股钢丝间接触力。图 2-38 所示为钢丝绳内部同层绳股钢丝间接触

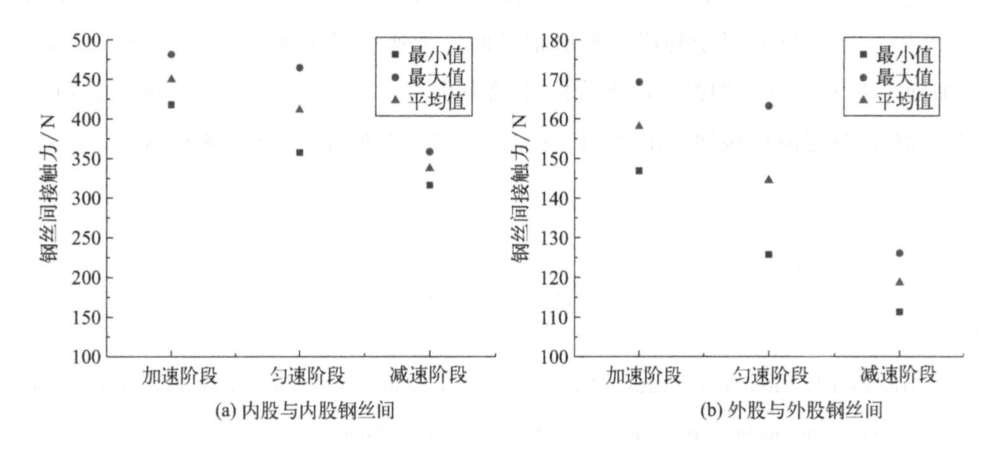

图 2-38 不同提升阶段钢丝绳内部同层绳股钢丝间接触力演变规律

力在不同提升阶段演变规律。由图可知，钢丝间接触力随着提升时间增加而明显降低，并且外股与外股钢丝间接触力明显小于内股与内股钢丝间接触力。对于内股与内股钢丝间，加速、匀速和减速阶段钢丝间接触力变化范围分别为 417.93～481.46N、357.71～464.44N、316.51～358.72N；对于外股与外股钢丝间，加速、匀速和减速阶段钢丝间接触力变化范围分别为 146.87～169.21N、125.71～163.22N、111.23～126.06N。

图 2-39 所示为钢丝绳内部同层绳股钢丝间接触力随提升质量演变规律。随着提升质量增加，钢丝间接触力线性增加。对于内股与内股钢丝间，加速阶段接触力由 150.65～178.98N 增加到 417.93～481.46N，匀速阶段接触力由 96.09～

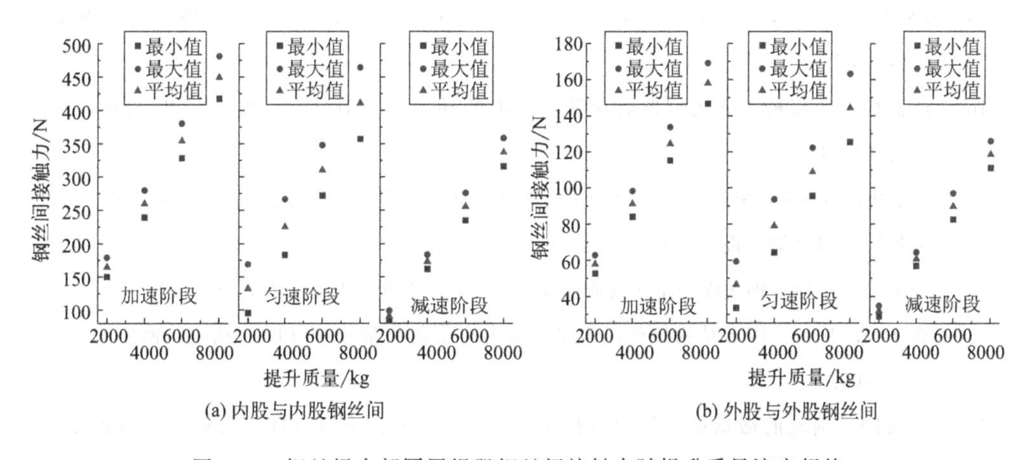

图 2-39 钢丝绳内部同层绳股钢丝间接触力随提升质量演变规律

168.95N增加到357.71～464.44N，减速阶段接触力由82.84～99.01N增加到316.51～358.72N；对于外股与外股钢丝间，加速阶段接触力由52.94～62.91N增加到146.87～169.21N，匀速阶段接触力由33.77～59.38N增加到125.71～163.22N，减速阶段接触力由29.11～34.79N增加到111.23～126.06N。

参考文献

[1] Argatov I I，Gómez X，Tato，W，et al. Wear evolution in a stranded rope under cyclic bending：Implications to fatigue life estimation [J]. Wear，2011，271 (11)：2857-2867.

[2] 张德坤. 提升钢丝绳的摩擦可靠性 [M]. 北京：科学出版社，2020：4-7.

[3] Gibson P T. Operational characteristics of ropes and cables. In：Bas JF (Ed.). Handbook of Oceanographic Winch，Wire and Cable Technology. 3rd ed. National Science Foundation，2001.

[4] Chaplin C R. Interactive fatigue in wire rope applications. In：Symposium on Mechanics of Slender Structures (MoSS 2008)，Keynote Lecture，2008 July 23-25，Baltimore，USA.

[5] 严世榕，闻邦椿. 竖井提升钢丝绳容器系统在提升过程中的动力学仿真 [J]. 中国有色金属学报，1998，8：618-622.

[6] 方立涛. 超深矿井提升系统钢丝绳动力学仿真优化研究 [D]. 郑州：郑州大学，2017.

[7] 严世榕，闻邦椿. 竖井提升容器在提升过程中的动力学分析及计算机仿真 [J]. 矿山机械，1998，9：38-40.

[8] 严世榕，闻邦椿. 矿井提升系统的动力学研究 [J]. 金属矿山，1998，5：31-34.

[9] 范影乐，杨胜天，李轶，等. MATLAB仿真应用详解 [M]. 北京：人民邮电出版社，2001：75-77.

[10] 严世榕，闻邦椿. 下放容器时提升钢丝绳的动力学仿真 [J]. 煤炭学报，1998，23 (5)：84-88.

[11] 张素侠，唐友刚，张若瑜，等. 水下缆绳松弛—张紧过程的冲击张力影响因素实验研究 [J]. 哈尔滨工程大学学报，2009，30 (10)：1102-1107.

[12] 杨舜玺. 阻旋转钢丝绳产生扭绞原因及措施 [J]. 金属制品，2022，48 (03)：60-63.

[13] 唐文亭. 1×7+IWS结构钢丝绳服役中应力应变的数值模拟 [D]. 西安：西安理工大学，2009.

[14] 王大刚. 钢丝的微动损伤行为及其微动疲劳寿命预测研究 [D]. 徐州：中国矿业大学，2012.

[15] 李晓光. 超深矿井提升钢丝绳特性及接触行为研究 [D]. 重庆：重庆大学，2016.

[16] 王以元. 提升钢丝绳的失效与寿命预测 [J]. 矿山机械，1991，10：13-15.

[17] 王庸禄. 钢丝绳结构与接触应力分析 [J]. 金属制品，1986，6：31-36.

[18] 谢小鹏，贾尚雨，牛高产. 不旋转钢丝绳力学模型的研究 [J]. 煤矿机械，2010，31 (8)：95-97.

[19] Feyrer K. Wire ropes [M]. Berlin：Springer-Verlag Berlin Heidelberg，2007：173-201.

[20] 陈德斌. 多层股阻旋转钢丝绳受力特性与疲劳失效机理研究 [D]. 武汉：武汉理工大学，2016.

[21] 浦汉军. 起重机用不旋转钢丝绳理论研究及其寿命估算 [D]. 广州：华南理工大学，2012.

第3章

钢丝绳内部摩擦磨损模拟试验装置研制

通过对报废的钢丝绳进行拆解发现：90%以上的钢丝绳存在不同程度的磨损，部分磨痕存在裂纹，深度超过钢丝直径的1/3。此外，钢丝绳表面几乎无损伤，内部磨损和断丝较为严重[1]。然而，现有关于钢丝绳失效行为的研究仅局限于对报废钢丝绳内部钢丝磨损和断丝的统计，无法准确模拟钢丝绳内部钢丝间摩擦磨损演变过程以及力学性能和疲劳寿命的准确评估。因此，为了分析钢丝绳内部钢丝间摩擦磨损特性以及内部钢丝失效行为，需要结合钢丝绳内部钢丝间接触行为，研发可以模拟钢丝绳内部钢丝间摩擦磨损行为的试验装置。

3.1 钢丝绳有限元仿真模拟

由上一章可知，在提升过程中，钢丝绳内部钢丝间产生复杂的接触行为。为了直观分析钢丝绳在受到拉伸载荷下其内部钢丝间接触状态，本节基于ABAQUS有限元仿真软件，开展了钢丝绳有限元仿真，通过研究钢丝绳内部钢丝间应力应变分布，确定钢丝绳内部钢丝危险接触区域和接触形式。

3.1.1 钢丝绳有限元仿真模型

本节以18×7+IWS多层股阻旋转钢丝绳为研究对象，由于钢丝绳是由钢丝捻绕成股，再由股沿着中心轴线捻绕成绳，其内部结构复杂，不易于在有限元仿真软件中直接建模。因此，利用三维建模软件Pro/Engineering Wildfire 5.0建立了钢丝绳三维模型。之前学者[2,3]推导了18×7+IWS多层股阻旋转钢丝绳模型，并且对所建模型的准确性进行了验证。首先在Pro/E中利用草图命令绘制钢丝绳芯股芯丝的中心线，然后在笛卡儿坐标系中绘制芯股侧丝的螺旋中心线，该螺旋中心线在软件中的方程为：

$$m=\alpha_i$$

$$r_1=r_i$$

$$a_1=\beta_i$$

$$o_1=(t-0.5)\times 360+m$$

$$z=r_1\times[2\times p_i/360\times360\times(t-0.5)]\times\tan(\alpha_1) \tag{3-1}$$

$$x=r_1\times\cos(o_1)$$

$$y=r_1\times\sin(o_1)$$

式中，α_i 为芯股侧丝圆心和芯丝圆心的连心线与水平基准线夹角，(°)，如图 3-1 所示；r_i 为芯股侧丝绕芯丝轴线的螺旋半径，mm；β_i 为芯股侧丝绕芯丝轴心线的螺旋角，它与侧丝捻角之和为 90°。

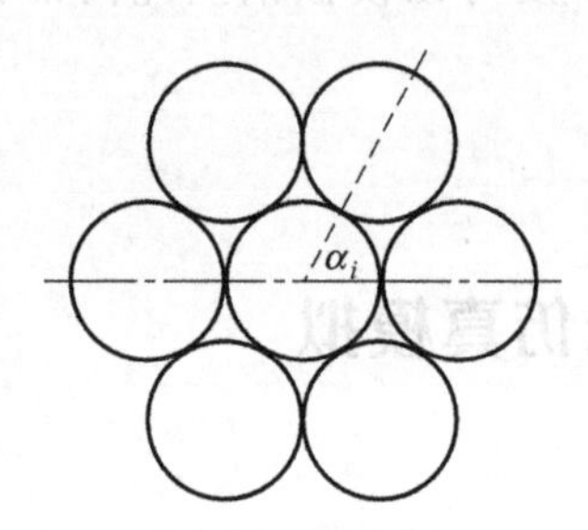

图 3-1 芯股截面图

钢丝绳内股芯丝的一次螺旋线方程为：

$$R=\begin{bmatrix} r_r\cdot\cos(\theta_r+\theta_0) \\ r_r\cdot\sin(\theta_r+\theta_0) \\ r_r\cdot\theta_r\cdot\tan(\beta_r) \end{bmatrix} \tag{3-2}$$

钢丝绳内股侧丝二次螺旋线方程为：

$$P=\begin{bmatrix} r_r\cdot\cos(\theta_r+\theta_0)+r_s[-\cos(\theta_r+\theta_0)\cdot\cos(\theta_s+\theta_{s0})+\sin(\theta_r+\theta_0)\cdot \\ \sin(\theta_s+\theta_{s0})\cdot\sin\beta_r] \\ r_r\cdot\sin(\theta_r+\theta_0)+r_s[-\sin(\theta_r+\theta_0)\cdot\cos(\theta_s+\theta_{s0})-\sin(\theta_s+\theta_{s0})\cdot \\ \cos(\theta_r+\theta_0)\cdot\sin\beta_r] \\ r_r\cdot\theta_r\cdot\tan(\beta_r)+r_s\cdot\sin(\theta_s+\theta_{s0})\cdot\cos\beta_r \end{bmatrix} \tag{3-3}$$

钢丝绳外股芯丝的一次螺旋线方程为：

$$R=\begin{bmatrix} r_r\cdot\cos(-\theta_r+\theta_0) \\ r_r\cdot\sin(-\theta_r+\theta_0) \\ r_r\cdot\theta_r\cdot\tan(\beta_r) \end{bmatrix} \tag{3-4}$$

钢丝绳外股侧丝的二次螺旋线方程为：

$$P=\begin{bmatrix} r_r \cdot \cos(-\theta_r+\theta_0)+r_s[-\cos(\theta_r+\theta_0)\cdot\cos(-\theta_s+\theta_{s0})+ \\ \sin(\theta_r+\theta_0)\cdot\sin(-\theta_s+\theta_{s0})\cdot\sin\beta_r] \\ r_r\cdot\sin(-\theta_r+\theta_0)+r_s[-\sin(\theta_r+\theta_0)\cdot\cos(-\theta_s+\theta_{s0})- \\ \sin(-\theta_s+\theta_{s0})\cdot\cos(\theta_r+\theta_0)\cdot\sin\beta_r] \\ r_r\cdot\theta_r\cdot\tan(\beta_r)+r_s\cdot\sin(-\theta_s+\theta_{s0})\cdot\cos\beta_r \end{bmatrix} \tag{3-5}$$

式中，r_r 为内、外股绕钢丝绳轴线的螺旋半径，mm；θ_r 为内、外股绕钢丝绳芯股的角度，(°)；θ_0 为内、外股芯丝圆心和芯股芯丝圆心的连心线与水平基准线的夹角，(°)；β_r 为内、外股绕钢丝绳轴线的螺旋角，(°)；r_s 为内、外股侧丝绕绳股芯丝中心线的螺旋半径，mm；θ_s 为内、外股侧丝绕绳股芯丝的角度，(°)；θ_{s0} 为内、外股侧丝圆心和绳股芯丝圆心的连心线与水平基准线的夹角，(°)。

将多层股阻旋转钢丝绳结构参数带入以上公式，然后，在 Pro/E 中用曲线-方程命令绘制 18×7+IWS 多层股阻旋转钢丝绳的芯股、单个内股、单个外股的芯丝和侧丝的螺旋中心线，如图 3-2 所示。之后，利用可变截面扫描命令对各钢丝螺旋中心线完成钢丝模型创建。最后，利用圆周阵列功能完成整体钢丝绳几何模型的创建，如图 3-3 所示。

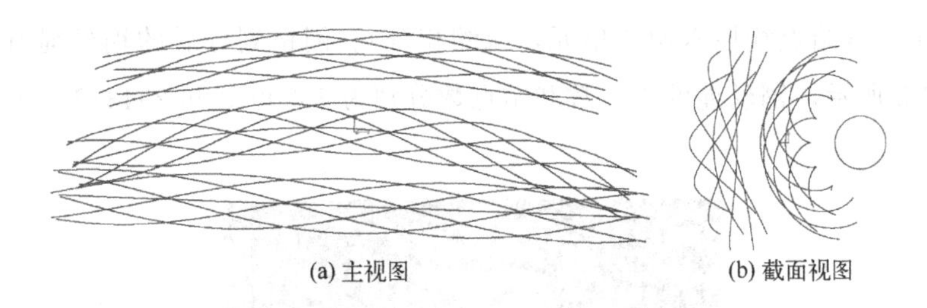

(a) 主视图　(b) 截面视图

图 3-2　钢丝绳内部钢丝中心螺旋线

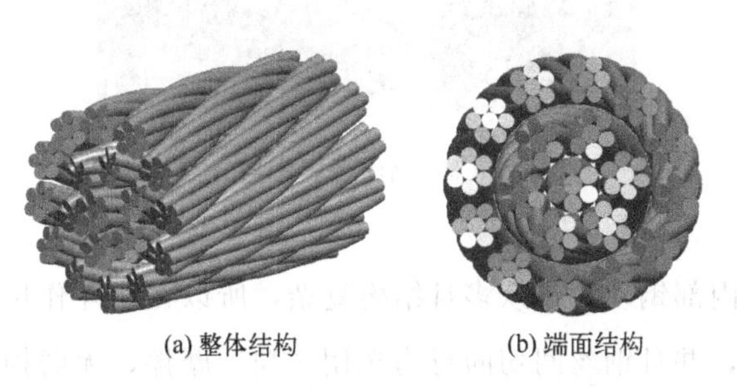

(a) 整体结构　(b) 端面结构

图 3-3　钢丝绳几何模型

此外，为了便于对钢丝绳端面施加边界条件，将钢丝绳的两端进行切割，保证其端面为平面，切割后钢丝绳的长度为 25mm，如图 3-4 所示。最后，将所建立的钢丝绳几何模型保存为 Parasolid（＊. x-t）格式文件并导入 ABAQUS 软件中进行有限元仿真。

图 3-4　切割后钢丝绳结构

将钢丝绳几何模型导入 ABAQUS 后，分别赋予每根钢丝材料属性，钢丝的密度为 7.85g/cm^3，弹性模量为 203000MPa，泊松比为 0.3。并且，假设钢丝绳材质是均匀连续且为各向同性的材料，钢丝绳在受力时可以发生弹性均匀变形。

之后，分别对每根钢丝进行网格划分，采用六面体进阶算法并指派单元类型为 C3D8R（八结点线性六面体单元，减缩积分）。网格划分后的钢丝绳有限元模型如图 3-5 所示，钢丝绳的单元数和结点数分别为 2550918 和 2943720。

图 3-5　钢丝绳网格划分

由于钢丝绳内部钢丝数量众多且结构复杂，所以在相互作用模块对钢丝绳整体施加通用接触，并且钢丝间切向行为选用“罚”摩擦，无磨损钢丝间摩擦系数为 0.2[4]；法向行为采用“硬”接触，允许接触后分离。如图 3-6 所示，为了便于对钢丝绳进行加载与约束，分别在距离钢丝绳端面 4mm 处的中轴线上建立参考点 RP_1 和 RP_2，并将参考点与钢丝绳端面进行运动耦合约束。为模拟钢丝绳受拉伸载荷工况，对 RP_1 的 6 个自由度进行完全约束，使其完全固定；约束 RP_2 的 UR_3，使钢丝绳在拉伸过程中不会沿着轴心旋转，防止其散股。之后，对 RP_2 施加 U_3 方向的拉伸载荷，大小为 61670N。

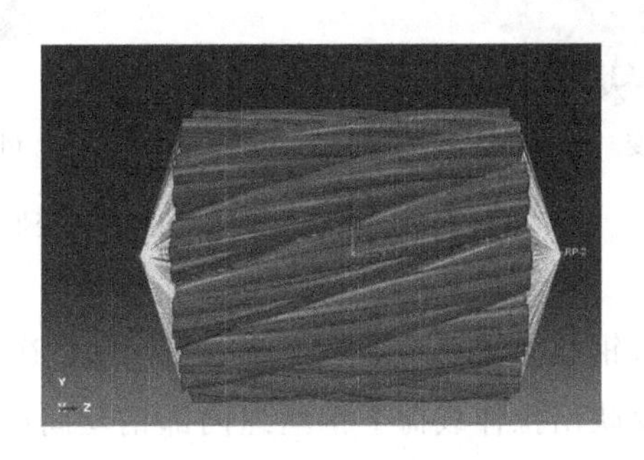

图 3-6 钢丝绳约束示意图

3.1.2 拉伸载荷下钢丝绳应力应变分布规律

图 3-7 所示为拉伸载荷下钢丝绳整体应力、应变和变形分布云图。钢丝绳的等效应力、轴向应力和轴向应变云图分布大体上相似，均随着钢丝捻制方向呈现出交替分布。此外，钢丝绳两端的应力和应变明显大于中间部分，并且端面的应力和应变呈现出不均匀分布特点，这是由边界条件约束导致的应力集中。由图 3-7（d）中钢丝绳轴向位移云图可知，钢丝绳轴向位移同样随着钢丝捻制方向

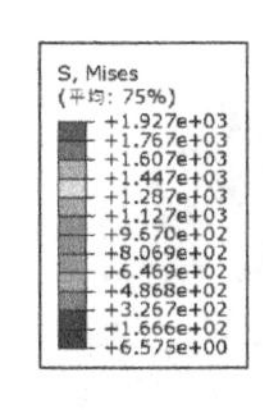

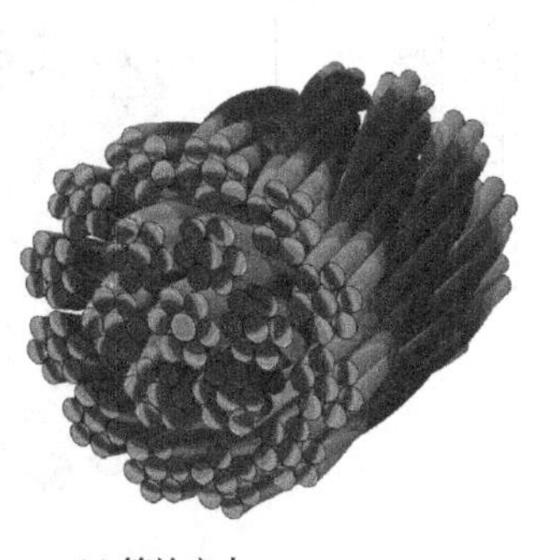

(a) 等效应力

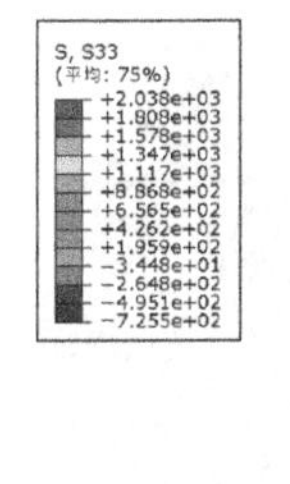

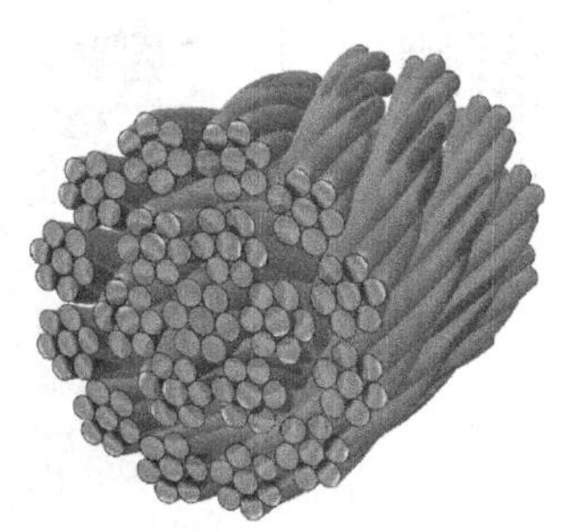

(b) 轴向应力

图 3-7

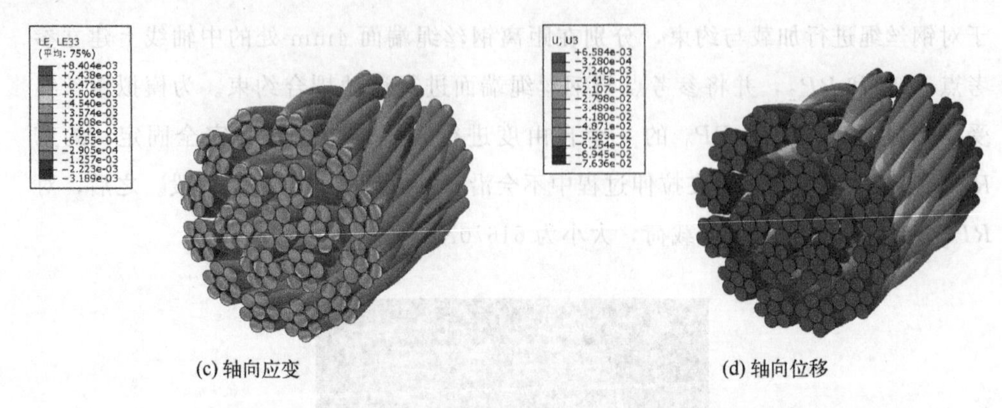

(c) 轴向应变　　(d) 轴向位移

图 3-7　拉伸载荷下钢丝绳整体应力、应变和变形分布

呈现出交替分布，并且钢丝绳轴向变形从一端到另一端依次增加。

为了更加准确地反映出拉伸载荷下钢丝绳内部钢丝间应力应变分布规律，避免钢丝绳端面耦合约束所造成的边界条件影响，因此本节探究了钢丝绳中间截面（距离端面 12.5mm）处应力和应变云图分布，如图 3-8 所示。由图 3-8（a）和

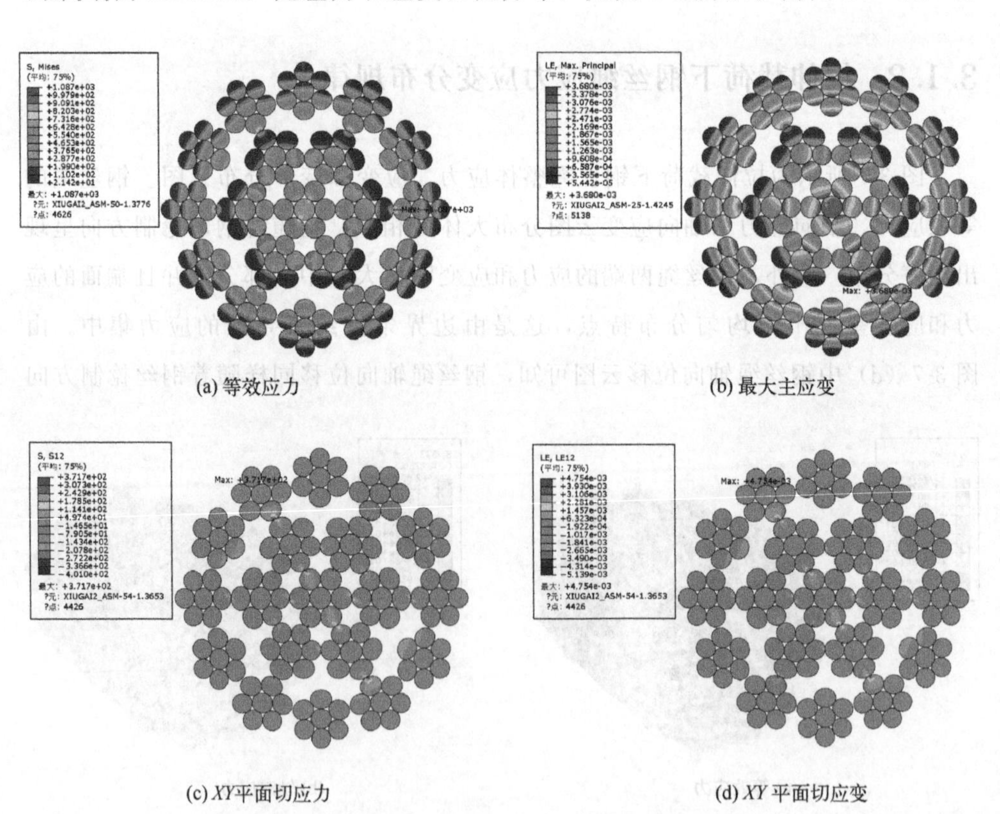

(a) 等效应力　　(b) 最大主应变

(c) XY平面切应力　　(d) XY平面切应变

图 3-8　拉伸载荷下钢丝绳截面应力和应变分布

(b) 可知，钢丝绳截面的等效应力和最大主应变成圆周对称分布，最大等效应力和最大主应变均出现于内股侧丝与外股侧丝接触区域，值分别为 1087MPa 和 3.68×10^{-3}。由图 3-8 (c) 和 (d) 可知，钢丝绳截面的切应力和切应变最大值也出现在内股侧丝与外股侧丝接触区域，值分别为 371.7MPa 和 4.75×10^{-3}。因此，钢丝绳在受到拉伸载荷后，其内股侧丝与外股侧丝接触区域产生最大接触应力，在长时间的服役过程中极易导致钢丝微动磨损和疲劳断裂。

为了便于分析钢丝绳内部钢丝应力分布，将钢丝绳中心截面的芯股、内股和外股的各层钢丝进行标记，如图 3-9 所示。其中，芯 0 代表钢丝绳芯股的芯丝、芯 1 代表钢丝绳芯股的侧丝、内 0 代表钢丝绳内股的芯丝、内 1 代表与芯股接触的内股侧丝，以此类推。

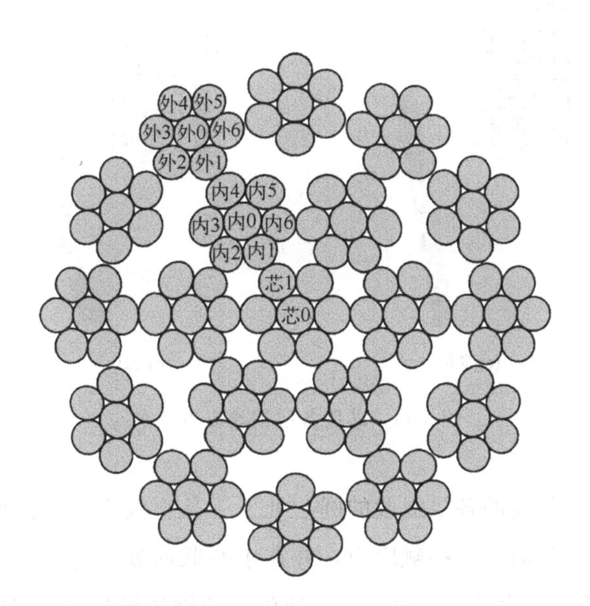

图 3-9 钢丝绳中心截面各位置的钢丝标记图

图 3-10 所示为距离中心截面不同位置的钢丝绳截面演变图。由图可知，对于中心截面，芯股、内股以及外股的圆心处于一条直线上，而随着钢丝绳截面距离中心截面越远，不同层绳股的相对位置发生明显变化。

图 3-11 所示为钢丝绳的芯股各层钢丝应力分布。芯股芯丝表面整体应力分布均匀，中部区域存在沿着捻制方向的应力集中点，最大应力出现在钢丝中间位置。芯股侧丝呈现出相同的规律：钢丝表面应力整体上分布均匀，在钢丝中心截面位置存在最大应力点，且钢丝内侧的最大应力大于外侧的最大应力。这是因为

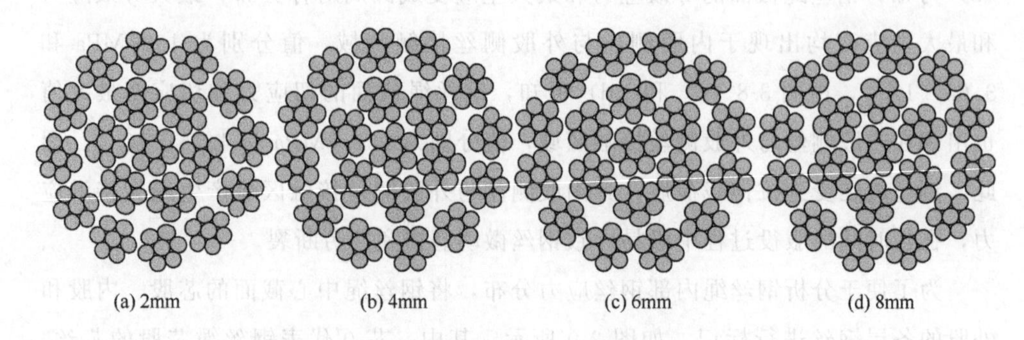

(a) 2mm　(b) 4mm　(c) 6mm　(d) 8mm

图 3-10　距离中心截面不同位置的钢丝绳截面图

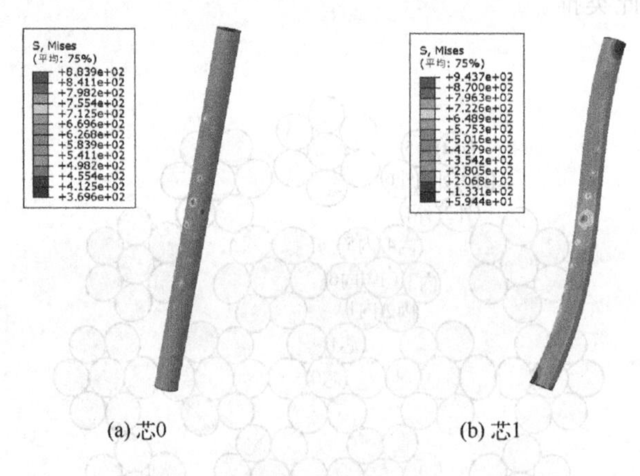

(a) 芯0　(b) 芯1

图 3-11　芯股各层钢丝应力分布

对于中心截面，钢丝绳的各层绳股的圆心处于一条直线上，在拉伸载荷作用下钢丝绳向内收缩，钢丝间产生接触应力，并在中心截面处产生最大的接触应力。此外，由图 3-10 可知，除了中心截面，其他位置的钢丝绳截面不同层绳股钢丝间接触点发生错位，并且距离越远，错位越明显，因此芯股的芯丝和侧丝表面的应力集中点距离中心截面越远，结果越小。

图 3-12 所示为钢丝绳的内股各层钢丝应力分布。内股芯丝整体上应力分布较为均匀，而侧丝表面应力呈现出交替变化。其中，内股侧丝 1、侧丝 2、侧丝 4 和侧丝 6 的中心位置均存在应力集中点，并且侧丝 4 的应力集中点的数值最大。这是因为钢丝绳在受到拉伸载荷作用下，内股侧丝 1 与芯股侧丝 1 接触、内股侧丝 2 与相邻的内股侧丝接触、侧丝 4 与外股侧丝 1 接触、侧丝 6 与相邻的内股侧丝接触，因此这些侧丝表面存在应力集中点。并且对于多层股阻旋转钢丝绳，由于

内股与外股捻角相反，钢丝间交叉角度大于其余钢丝间交叉角度，故接触面积最小，侧丝 4 表面接触应力最大。此外，侧丝 3 和侧丝 5 除了与内股芯丝接触外没有与其他钢丝接触，因此没有出现应力集中点。

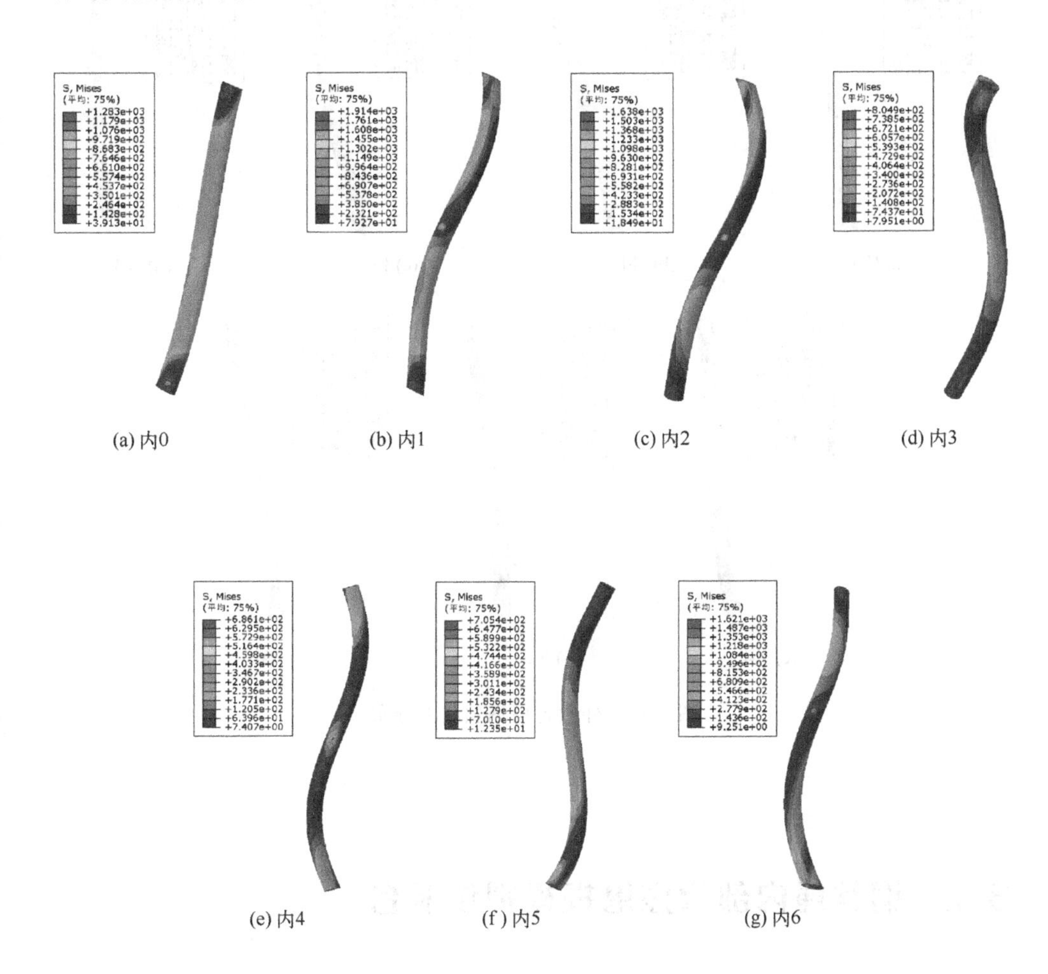

(a) 内0　(b) 内1　(c) 内2　(d) 内3

(e) 内4　(f) 内5　(g) 内6

图 3-12　内股各层钢丝应力分布

图 3-13 所示为钢丝绳的外股各层钢丝应力分布。外股钢丝表面均呈现出两端应力小于中间部分应力，并且除了外股侧丝 1 的中心截面位置存在应力集中点外，其余的外股芯丝和侧丝的中间部分应力分布较为均匀。这是因为在拉伸载荷作用下，钢丝绳的外股侧丝 1 与内股侧丝 4 相接触，产生接触应力，而其余侧丝只与芯丝接触，没有与其他钢丝接触，因此钢丝的应力分布较为均匀。

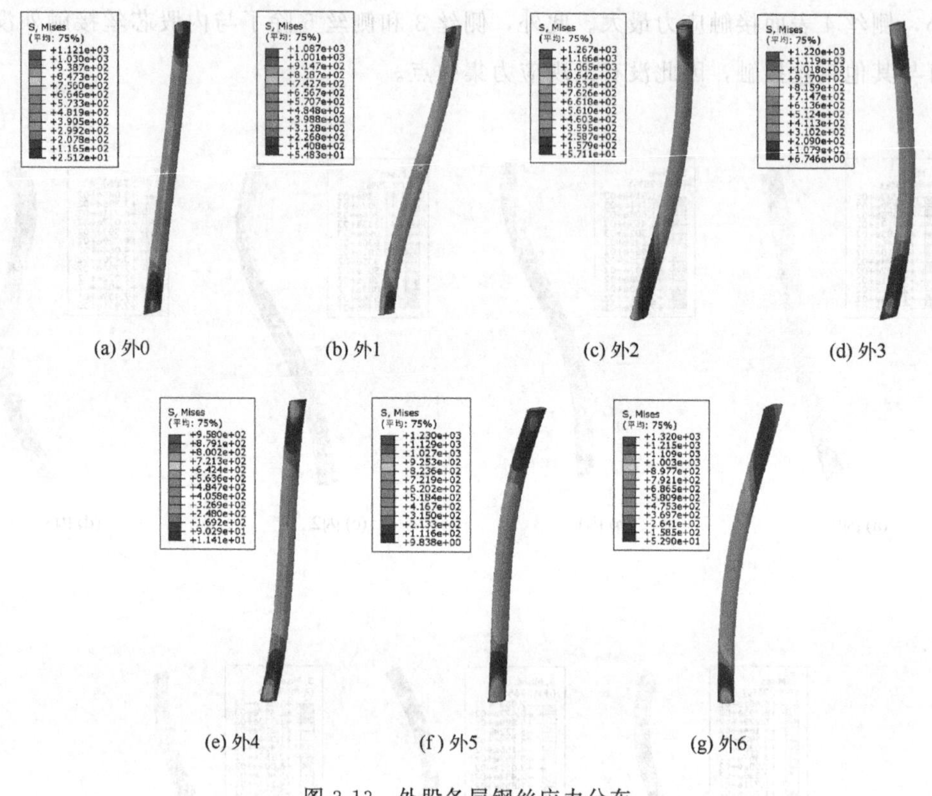

图 3-13 外股各层钢丝应力分布

3.2 钢丝绳内部摩擦磨损模拟试验台

3.2.1 钢丝绳内部钢丝间接触形式

通过对钢丝绳模型进行拆分（图 3-14），发现钢丝绳内部接触分为绳股与绳股接触以及钢丝与钢丝接触。绳股与绳股接触包括芯股与内股接触、内股与外股接触以及同层绳股接触。钢丝与钢丝接触包括芯股的芯丝与侧丝接触、内股的芯丝与侧丝接触以及外股的芯丝与侧丝接触。其中，绳股与绳股接触也是钢丝

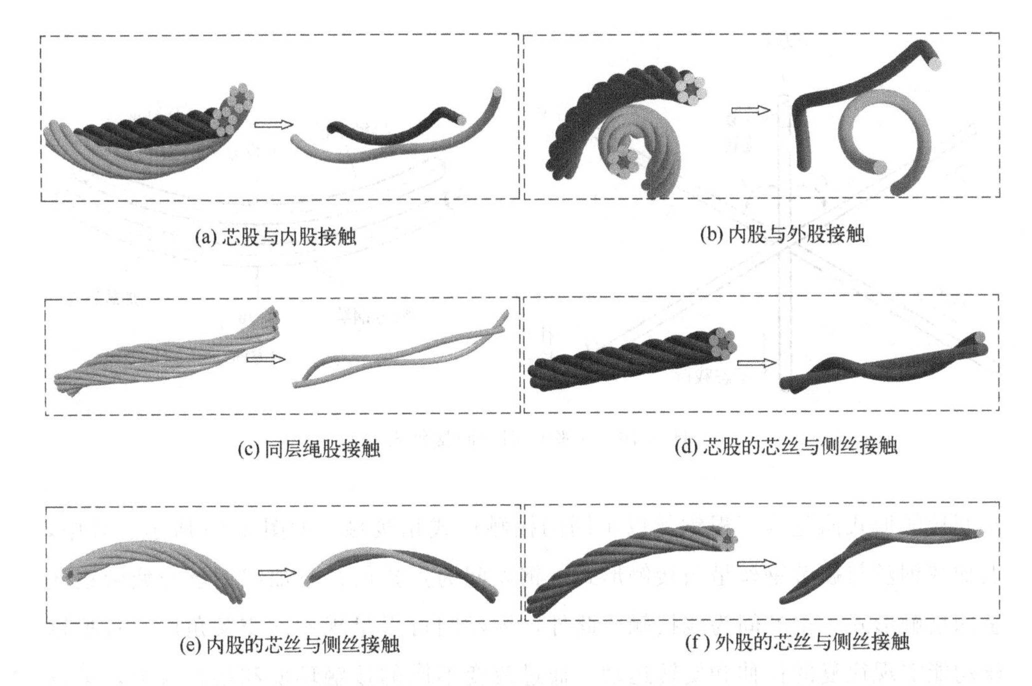

(a) 芯股与内股接触
(b) 内股与外股接触
(c) 同层绳股接触
(d) 芯股的芯丝与侧丝接触
(e) 内股的芯丝与侧丝接触
(f) 外股的芯丝与侧丝接触

图 3-14 钢丝绳内部钢丝间接触形式

间接触。由图可知，钢丝绳内部钢丝间接触形式分为凸接触和凹接触两种接触形式。

此外，通过上节钢丝绳有限元仿真和对报废的钢丝绳进行拆解获知，内股侧丝与外股侧丝接触区域接触应力最大，造成了该区域最严重的磨损和断丝现象[5-7]。如图 3-15 所示，钢丝绳的内股侧丝与外股侧丝接触形式同样为凸接触对和凹接触对。

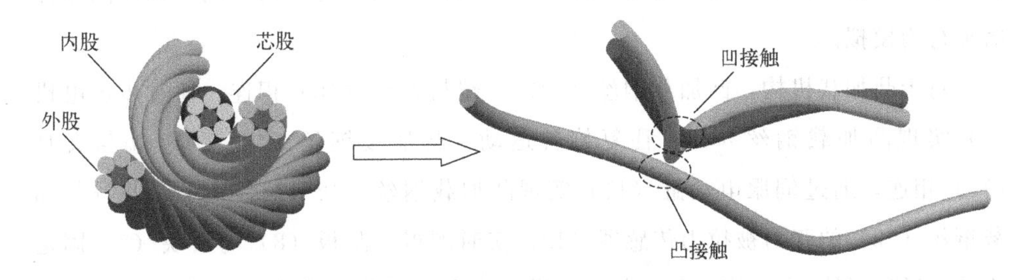

图 3-15 钢丝绳的内股与外股钢丝间接触形式

为了在实验室环境中模拟钢丝绳内部钢丝间摩擦磨损行为，将钢丝绳内部钢

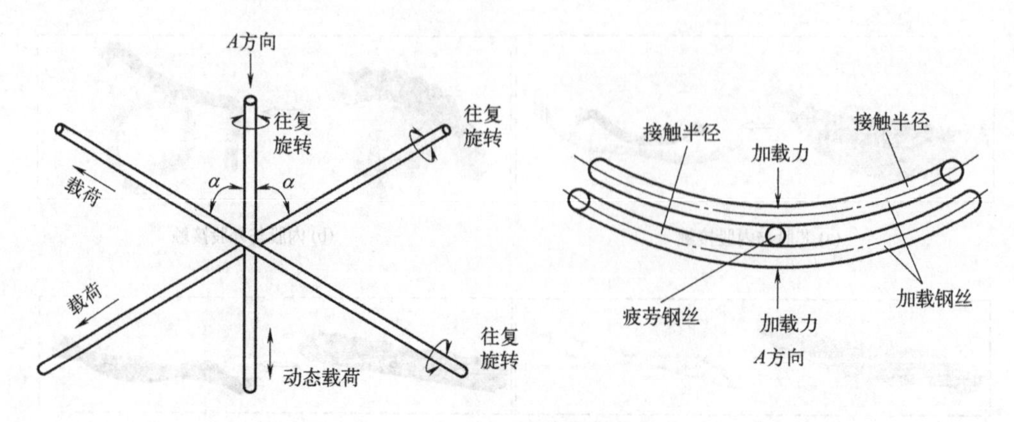

图 3-16 试验中钢丝间接触形式

丝间接触形式简化为三根钢丝以不同的接触形式相接触，如图 3-16 所示。其中，上加载钢丝与疲劳钢丝呈凸接触形式，钢丝间为点接触；下加载钢丝与疲劳钢丝呈凹接触形式，钢丝间为线接触。此外，钢丝间可以呈现不同交叉角度，每根钢丝均能实现往复的拉伸和旋转运动。通过改变不同的接触环境和接触参数，可以揭示不同工况下钢丝绳内部钢丝间摩擦磨损特性。

3.2.2 钢丝摩擦磨损试验装置

依据上述钢丝绳内部钢丝危险接触区域和接触形式，设计的钢丝绳内部钢丝摩擦磨损试验台如图 3-17 所示。它主要由机架、凸加载机构、凹加载机构、拉伸-旋转机构、控制系统以及数据采集系统等部分组成。通过改变钢丝间接触力、微动振幅、扭转角度、交叉角度、环境等参数，可以实现不同工况下钢丝间摩擦磨损行为模拟。

对于凸加载机构：凸加载钢丝（42）一端与夹具（10）相连，通过步进电机（9）实现凸加载钢丝（42）往复旋转运动。凸加载钢丝（42）另一端与夹具（13）相连，通过伺服电动缸（11）实现凸加载钢丝（42）拉伸运动，并且凸加载钢丝（42）的张力被拉力传感器（12）实时测得。凸板（8）与滑块（7）固定连接，通过滑轨（6）实现凸加载机构沿竖直方向调节。滑轨（6）与支撑板（5）固定连接，支撑板（5）上端与分度盘（4）固定连接，通过旋转分度盘（4）实现凸加载钢丝（42）与疲劳钢丝（30）不同的交叉角度。

对于凹加载机构：凹加载钢丝（41）一端与夹具（15）相连，通过步进电机（14）实现凹加载钢丝（41）往复旋转运动。凹加载钢丝（41）另一端穿过凹加载块（16）与夹具（23）相连，通过伺服电动缸（21）实现凹加载钢丝（41）拉伸运动，并且凹加载钢丝（41）的张力被拉力传感器（22）实时测得。凹加载块（16）底端与加载模块（17）固定连接，加载模块（17）底端又通过分度盘（18）与滑板（19）相连，通过旋转分度盘（18）实现凹加载钢丝（41）与疲劳钢丝（30）不同的交叉角度。滑板（19）底端通过滑轨（20）和滑块（26）与下板（25）相连，下板（25）固定于机架（1）底板上。通过滑轨滑块结构微调凹加载机构，实现凹加载钢丝、凸加载钢丝与疲劳钢丝接触点在一条直线上。

对于拉伸-旋转机构：疲劳钢丝（30）的一端固定在夹具（31）上，夹具（31）后端与拉力传感器（32）相连，利用步进电机（34）实现疲劳钢丝（30）往复旋转，旋转角度通过角度传感器（35）实时测得。疲劳钢丝（30）的另一端固定在夹具（29）上，在伺服电动缸（27）作用下实现往复拉伸运动，试验过程中疲劳钢丝（30）的两端张力分别通过拉力传感器（28）和（32）实时测得。通过 PLC 控制器（3）可以同步或者单独控制伺服电动缸和步进电机工作。

因此，试验步骤如下：如图 3-17（e）所示，首先，用酒精清洗钢丝表面，将两根加载钢丝（41）和（42）分别装载在凹加载机构和凸加载机构的夹具上，疲劳钢丝（30）装载在拉伸-旋转机构的夹具上。分别调节分度盘（4）和（18），实现加载钢丝（41）和（42）与疲劳钢丝（30）设定的交叉角度。利用 PLC 控制器（3）控制伺服电动缸对加载钢丝和疲劳钢丝施加初始载荷。之后，对凸加载块（37）顶端平面施加配重块（40），其中凸加载块（37）与圆柱滑块（38）固定连接，在配重块重力作用下沿着光轴（39）垂直运动，实现加载钢丝与疲劳钢丝紧密接触，钢丝间接触力通过凹加载块（16）底部压力传感器测得。最后，利用 PLC 控制器（3）编写程序对加载钢丝和疲劳钢丝施加脉冲信号，从而实现钢丝绳内部不同接触形式钢丝间摩擦磨损行为模拟。此外，为了模拟不同环境下钢丝间摩擦磨损行为，如图 3-17（e）所示，水溶液和酸溶液通过输液装置（2）对钢丝接触区域进行持续点滴，保证试验过程中钢丝接触区域完全浸泡在溶液内，由于润滑脂具有良好的黏附性能，因此采用涂抹方式将钢丝接触区域进行充分润滑。

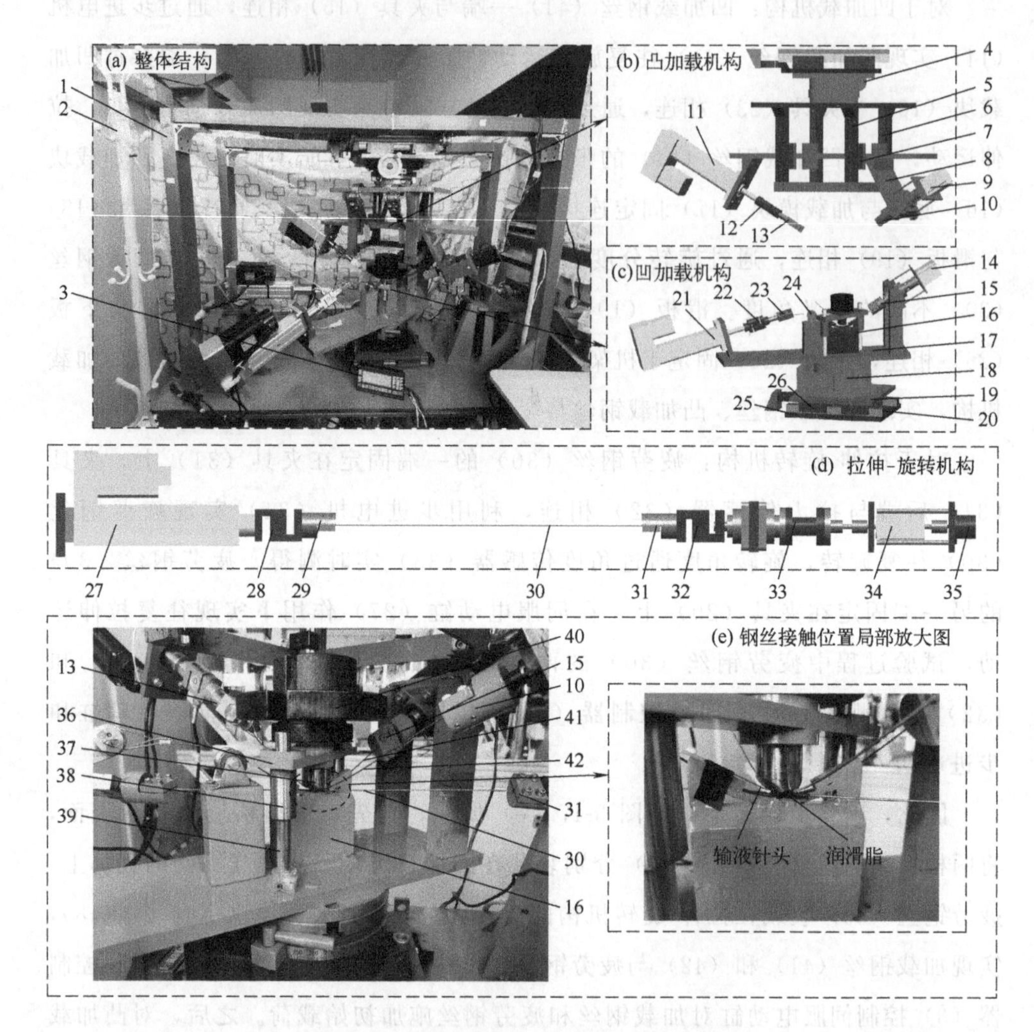

图 3-17　钢丝绳内部钢丝摩擦磨损试验台

3.2.3　试验数据采集系统

(1) 东华高速数据采集系统

图 3-18 所示为东华 DH5960 高速数据采集系统及图形显示模块。由于采用先进的片上系统（SOC）、千兆以太网通信以及 DMA 传输方式，该采集系统可以长时间实时、无间断记录，并能够保证结果数据的准确和稳定。试验过程中，传感器所测得的钢丝拉力、接触压力、旋转角度等信号经由放大器输出 ±5V 电压信

号，该电压信号通过数据采集模块转化为二进制信号，最后经由 NET 接口输入到电脑端进行实时显示和存储。为了保证实验数据连续且准确，采样频率设置为 1kHz。

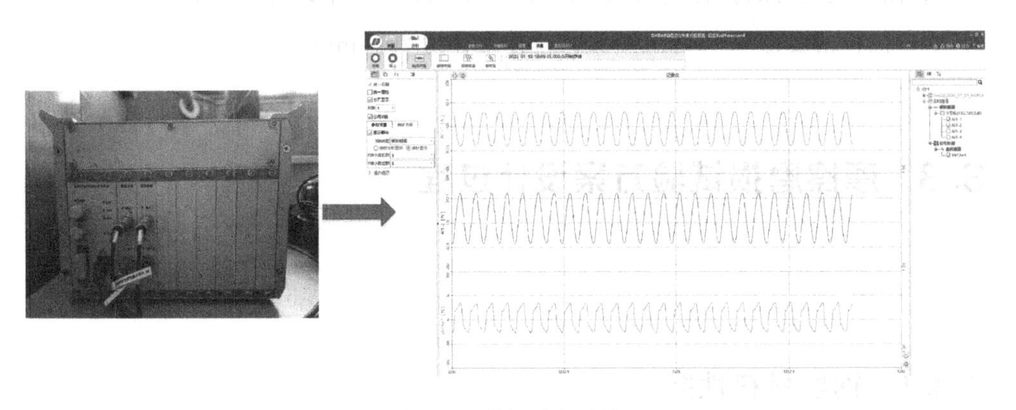

图 3-18 数据采集系统

（2）万能拉伸试验机

摩擦试验结束后，为了分析不同磨损钢丝的剩余强度和断裂失效机理，采用万能拉伸试验机开展磨损钢丝拉伸破断试验，如图 3-19 所示。将长度 400mm 的

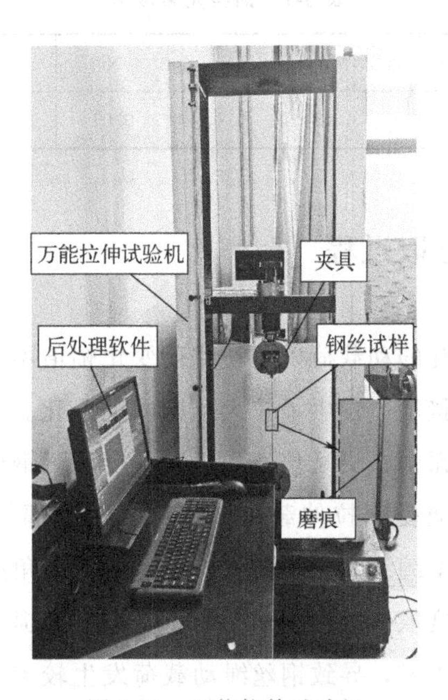

图 3-19 万能拉伸试验机

磨损钢丝上下两端分别装夹在万能拉伸试验机的夹具中，其中下夹具为固定端，上夹具可以通过中部横梁沿着滑轨上下滑动，通过横梁上部的拉力传感器和位移传感器分别测量拉伸过程中钢丝的拉力和伸长量变化，并在后处理软件中实时显示和存储。试验机的拉伸速度为10mm/min，最大拉伸载荷为10kN，拉伸精度为1N，位移精度为0.001mm，最大拉伸位移为2000mm。

3.3 摩擦磨损试验方案设计过程

3.3.1 钢丝材料性能

试验材料选用由优质碳素结构钢经冷拔工艺制造而成的新光面钢丝，它经常被用于制造各类钢丝绳。钢丝的抗拉强度为1850MPa，屈服强度为1360MPa，杨氏模量为203000MPa，破断力为2800N，其元素成分如表3-1所示。

表3-1 钢丝元素成分

元素	Fe	Mn	Si	Ni	C	S	P
质量分数/%	98.71	0.42	0.02	0.01	0.83	0.001	<0.001

3.3.2 试验参数选取过程

提升过程中，钢丝绳的动载荷以及动载荷变化幅值不断改变，导致其内部钢丝拉力、滑动位移以及接触力发生了较大范围内的变化。因此，特考虑了不同接触参数（接触力、微动振幅、交叉角度和扭转角度）对钢丝绳内部钢丝间摩擦磨损特性的影响。当钢丝绳受到拉伸载荷作用时，其内部钢丝间交叉角度发生变化，并且钢丝绳在滚筒上缠绕和相互挤压，钢丝间交叉角度发生较大范围内的改变，因此钢丝间交叉角度取值范围为30°～60°。考虑到提升过程中可能出现的乱绳、急停、卡罐等特殊工况，导致钢丝绳动载荷发生较大突变，因此钢丝间微动振幅取值范围为40～100μm。此外，由于钢丝绳内部钢丝的旋转角度除了受到扭转力的作用外，也受到钢丝材质、捻制形式以及钢丝间摩擦力等因素的影响，而且拉伸载荷下多层股阻旋转钢丝绳内股与外股的旋转力相互抵消，其内部钢丝的扭转角度较小。因此，钢丝的扭转角度变化范围选择为 0°～6°[8]，以满足各种提升工况下钢丝绳内部钢丝可能出现的旋转角度。

通常钢丝绳表面涂抹润滑脂以降低磨损，但是井筒内矿物粉尘、淋水、腐蚀溶液等恶劣环境极易导致润滑脂的提前失效，加剧钢丝绳内部钢丝的微动损伤。因此，为了系统地研究钢丝绳内部钢丝间摩擦磨损机理随接触参数演变规律，探究复杂环境对钢丝绳内部钢丝间摩擦磨损特性和失效行为的影响，分别开展了不同接触参数和环境下钢丝绳内部钢丝摩擦磨损试验。最终，详细的试验参数如表 3-2 所示，每组试验分别重复三次。

表 3-2 试验参数

参数	数值
接触力	40～100N
微动振幅	40～100μm
交叉角度	30°～60°
频率	3Hz
接触半径	50mm
扭转角度	0°～6°
循环次数	3×10^4 次
试验环境	干摩擦；脂润滑；淋水； 腐蚀溶液；煤粉颗粒；矿石颗粒
试验温度	27～33℃
相对湿度	55%～65%

3.3.3 试验结果分析方法

试验过程中，加载钢丝与疲劳钢丝紧密接触，在伺服电动缸和步进电机的作用下钢丝间相对运动，导致钢丝间产生摩擦力。图 3-20 所示为钢丝间摩擦力随试验时间变化曲线，它通过疲劳钢丝两端的张力差获得。摩擦系数通过式（3-6）和式（3-7）确定。

$$F_{av}=\frac{F_{\max}-F_{\min}}{2} \tag{3-6}$$

$$f_{av}=\frac{F_{av}}{2\times F_n} \tag{3-7}$$

式中，F_{av} 为摩擦力平均值，N；$F_{\max}$ 为单次循环下钢丝间摩擦力峰值，N；$F_{\min}$ 为单次循环下钢丝间摩擦力谷值，N；f_{av} 为钢丝间摩擦系数；F_n 为钢丝间接触力，N。

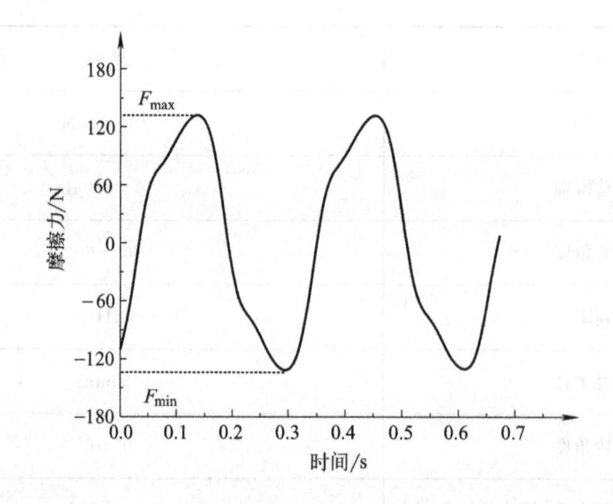

图 3-20 钢丝间摩擦力随时间变化曲线

图 3-21 所示为共聚焦三维形貌仪和磨损钢丝形貌参数。试验结束后，利用共聚焦三维形貌仪（SM-1000）测量了钢丝表面磨痕的三维形貌，其测量范围和精度分别为 1300μm 和 0.1μm。利用其后处理软件（Mountains Map）分析了钢丝磨痕的三维形貌、剖面曲线、最大磨损深度以及磨损体积等参数，从而定量地揭示了钢丝的磨损状态。为了研究钢丝磨痕表面的磨损机理，分别利用扫描电镜（SEM）和能谱仪（EDS）测量了钢丝磨损表面的微观磨损特征和元素分布。

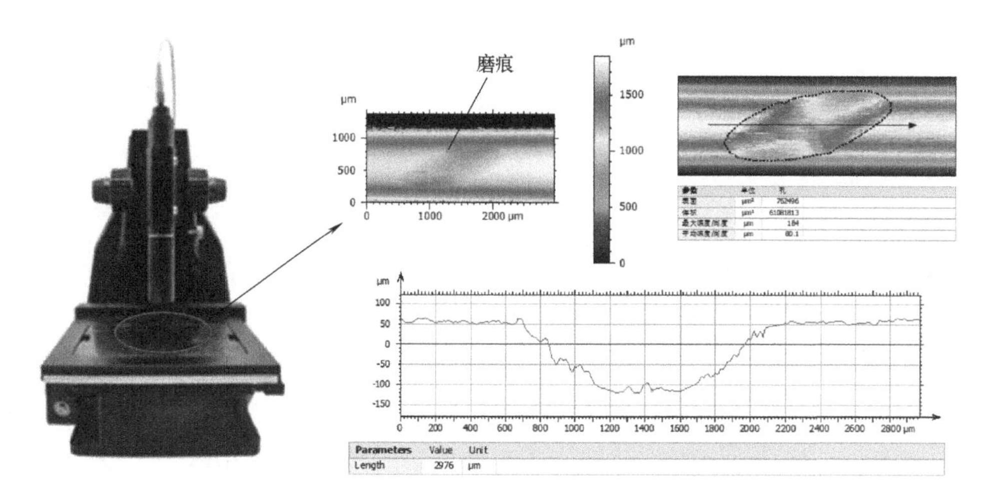

图 3-21 共聚焦三维形貌仪和磨损钢丝的形貌参数

参考文献

[1] 高广君，王保卫. 不旋转钢丝绳失效部分原因初探 [J]. 建筑机械化，2013，34 (7)：97-98.

[2] 浦汉军. 起重机用不旋转钢丝绳理论研究及其寿命估算 [D]. 广州：华南理工大学，2012.

[3] 陈德斌. 多层股阻旋转钢丝绳受力特性与疲劳失效机理研究 [D]. 武汉：武汉理工大学，2016.

[4] 常向东. 钢丝绳摩擦磨损特性及其剩余强度研究 [D]. 徐州：中国矿业大学，2019.

[5] 魏晓光，唐莎. 多层不旋转钢丝绳失效原因分析 [J]. 装备制造技术，2013，3：140-141.

[6] 陈德斌. 多层股阻旋转钢丝绳受力特性与疲劳失效机理研究 [D]. 武汉：武汉理工大学，2016.

[7] 高广君，王保卫. 不旋转钢丝绳失效部分原因初探 [J]. 建筑机械化，2013，34 (7)：97-98.

[8] 徐承军，罗会超，卢茹利. 18×7+IWS 多层股阻旋转钢丝绳弯曲特性研究 [J]. 武汉理工大学学报，2017，39 (2)：66-71.

第4章

干摩擦下钢丝绳内部摩擦磨损特性研究

由于服役环境和运行工况恶劣，虽然钢丝绳表面通常涂抹润滑脂以降低磨损，但是服役一段时间后，润滑脂因丧失回流能力而失效，钢丝间近似为干摩擦状态[1]。而且，实际操作中往往存在维护不当而导致钢丝绳无润滑脂，从而加剧钢丝绳及内部钢丝磨损[2]。为了探究钢丝绳内部钢丝间摩擦磨损特性，揭示不同接触参数对内部钢丝间摩擦磨损机理的影响规律，从而开展干摩擦下钢丝间摩擦磨损试验。

首先，基于钢丝绳内部钢丝摩擦磨损试验台，探究了不同接触形式下钢丝间摩擦特性（摩擦系数、滞回曲线、滑动距离、耗散能）和磨损特征（磨损深度、磨损体积、磨损系数、磨损机理）随接触参数（接触力、微动振幅、交叉角度以及扭转角度）演变规律。接着，开展了正交试验，获取各接触参数对不同接触形式下钢丝磨损深度的主次因素顺序。最后，由于不同类型的钢丝绳内部绳股结构存在明显差异，开展了不同绳股结构下钢丝间摩擦磨损试验，探究绳股结构对钢丝绳内部钢丝间摩擦磨损特性的影响。通过揭示不同接触参数、接触形式和绳股结构下钢丝间摩擦磨损特性演变规律，从而为钢丝绳的强度设计和合理选型提供重要的基础数据。

4.1 不同接触形式下钢丝间有限元仿真模拟

为了解释不同接触形式下钢丝间摩擦磨损行为，本节利用 ABAQUS 有限元仿真软件对凸接触对和凹接触对下钢丝间接触行为进行仿真分析，并比较了不同接触形式下钢丝间接触压力差异。

4.1.1 钢丝接触有限元仿真模型

首先，利用 Pro/E 对钢丝接触模型进行建模，并将建立好的模型导入 ABAQUS 中，如图 4-1 所示。其中，中间钢丝为疲劳钢丝，左侧钢丝为凹加载钢丝，右侧钢丝为凸加载钢丝，钢丝的接触半径为 50mm，直径为 1.4mm，交叉角度为 30°。最后，对钢丝接触有限元模型进行设置，详细过程如下：

a. 赋予材料属性。三根钢丝均为各向同性材料，密度为 7.85g/cm^3，弹性模量为 203000MPa，泊松比为 0.3。

b. 设置接触属性。钢丝间接触设置为“表面与表面接触”“有限滑移”，法向接触设置为“硬接触”，忽略钢丝间摩擦系数的影响。

c. 施加边界条件和载荷。如图 4-1（a）所示，在距离疲劳钢丝上、下端面 0.5mm 处分别设置参考点 RP_1 和 RP_2，采用运动耦合约束将疲劳钢丝上、下表面结点分别与 RP_1 和 RP_2 进行约束；在距离凹加载钢丝和凸加载钢丝左、右表面 0.5mm 处分别设置参考点 RP_4 和 RP_3，采用运动耦合约束将凹加载钢丝和凸加载钢丝左、右表面结点分别与 RP_4 和 RP_3 进行约束；将 RP_1 和 RP_2 进行完全固定，即限制其六个自由度；限制 RP_3 和 RP_4 除 X 轴方向以外所有自由度，即加载钢丝只能左右移动；对凹加载钢丝施加向右方向的集中力，对凸加载钢丝施加向左方向的集中力。

d. 划分网格。如图 4-1（b）所示，钢丝的单元类型设置为 C3D8R（八结点线性六面体单元），疲劳钢丝的单元数和结点数分别为 252640 和 263007；加载钢丝的单元数和结点数分别为 139561 和 146676。

e. 开始仿真计算。

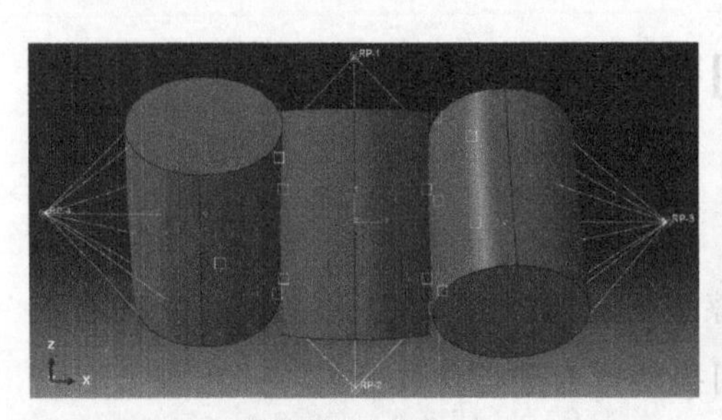

(a) 钢丝耦合约束

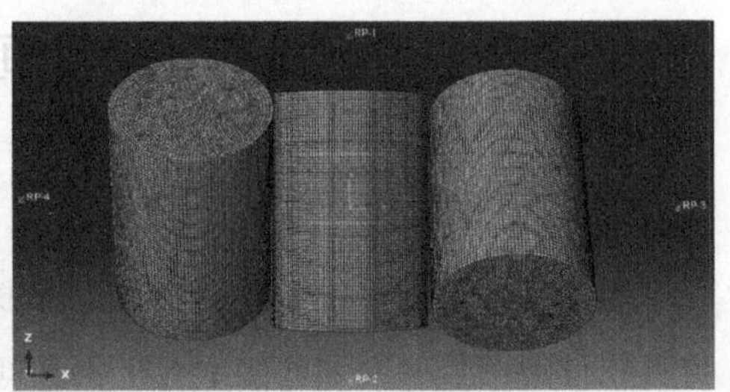

(b) 网格划分

图 4-1 钢丝接触有限元模型

4.1.2 钢丝间接触应力分析

图 4-2 所示为接触力 100N 时疲劳钢丝表面的接触压力分布云图。不同接触形式下钢丝接触区域为椭圆形，并且最大接触压力出现在接触区域的中心位置。

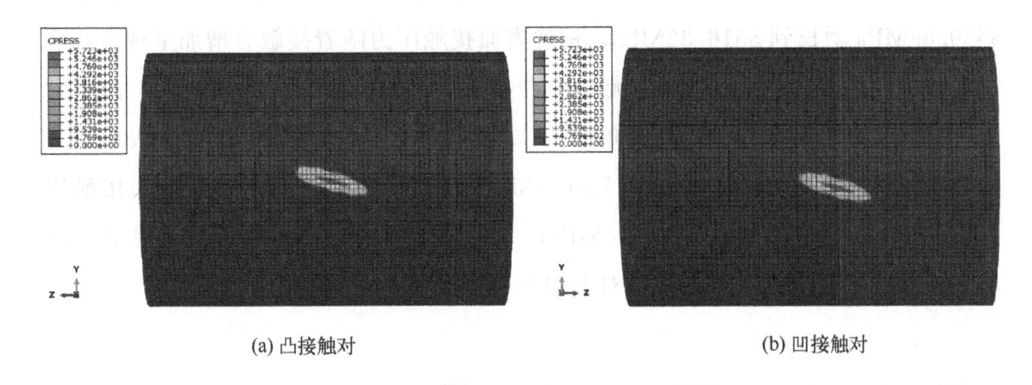

(a) 凸接触对　　(b) 凹接触对

图 4-2　接触力 100N 时钢丝表面接触压力

通过提取疲劳钢丝表面最大接触压力所在的单元结点，获得钢丝间最大接触压力随加载时间变化曲线如图 4-3 所示。其中，0～0.05s 为加载阶段，钢丝间接触力从 0N 加载到 100N；0.05～0.06s 为稳定阶段，钢丝间接触力保持不变。可以发现，随着加载时间增加，钢丝间接触压力随之增加，并且凸接触对下钢丝表面接触压力一直大于凹接触对下钢丝表面接触压力。在稳定阶段，凸接触对和凹接触对下钢丝表面最大接触压力分别为 5723.28MPa 和 5516.32MPa。

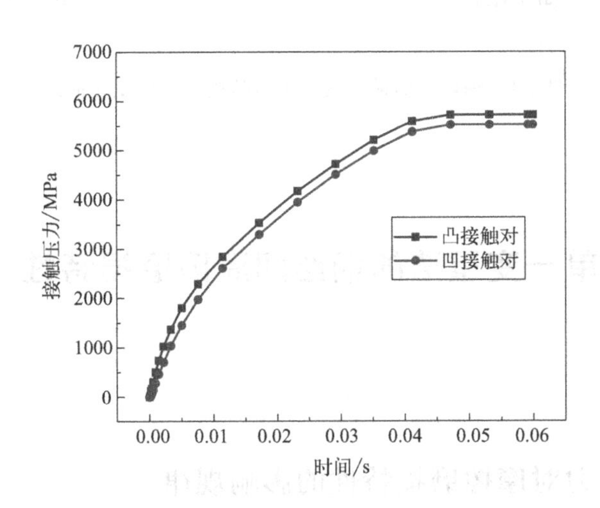

图 4-3　不同接触形式下钢丝表面最大接触压力随时间变化曲线

如图 4-4 所示为不同接触形式下钢丝表面最大接触压力分别随接触力和交叉角变化曲线。当接触力从 40N 增加到 100N，凸接触对下钢丝表面最大接触压力从3708.13MPa增长到5723.28MPa，凹接触对下钢丝表面最大接触压力从3630.56MPa增长到5516.32MPa，钢丝表面接触压力随着接触力增加呈现出几乎线性增长趋势，并且对于相同接触力，凸接触对下钢丝表面接触压力大于凹接触对下钢丝表面接触压力。当交叉角度从30°增加到60°，凸接触对下钢丝表面最大接触压力从5723.28MPa增长到7490.03MPa，凹接触对下钢丝表面最大接触压力从5516.32MPa增长到7188.14MPa，并且对于相同交叉角度，凸接触对下钢丝表面接触压力同样大于凹接触对下钢丝表面接触压力。

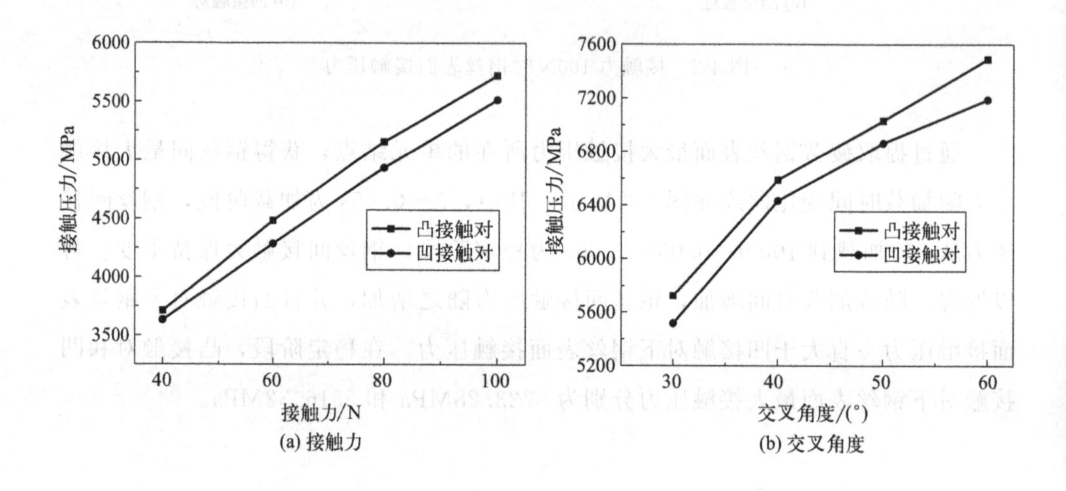

图4-4 钢丝表面最大接触压力随接触参数变化曲线

4.2 基于单一变量法的钢丝间摩擦磨损特性

4.2.1 接触力对摩擦磨损特性的影响规律

(1) 摩擦系数

图4-5所示为$\delta=80\mu m$、$\alpha=30°$、$\theta=6°$时，钢丝间摩擦系数随接触力演变规律。不同接触力下钢丝间摩擦系数变化曲线均呈现出相同的变化规律：随着循环

次数增加，摩擦系数先急剧增加到峰值，然后轻微降低，最后保持相对稳定。因此，钢丝间摩擦系数变化曲线分为三个阶段：快速增长阶段、过渡阶段和稳定阶段。导致上述现象的原因为：在摩擦初始阶段，由于钢丝表面膜的保护，钢丝间摩擦力较小，故摩擦系数较低。随着循环次数增加，钢丝表面破裂，磨损面积增加，钢丝内部材料直接接触，磨损表面出现黏着和塑性变形，钢丝间摩擦力增加，故摩擦系数迅速增长。随着循环次数进一步增加，摩擦副表面出现大量磨屑，这些磨屑在接触区域起到一定润滑效果，导致钢丝间摩擦力轻微降低，过渡阶段相比于整个摩擦过程所占的比例较低。在稳定阶段，由于钢丝间接触面积增长速度减缓以及磨屑连续产生和溢出保持动态平衡，最终，钢丝间摩擦系数保持相对稳定变化。图 4-5（b）所示为稳定阶段（后 10000 次循环）钢丝间摩擦系数平均值。随着接触力增加，钢丝间摩擦系数平均值从 0.748 减小到 0.646，并且摩擦系数的降低幅度逐渐增加，这说明钢丝间摩擦力的增长速度小于接触力的增加速度。

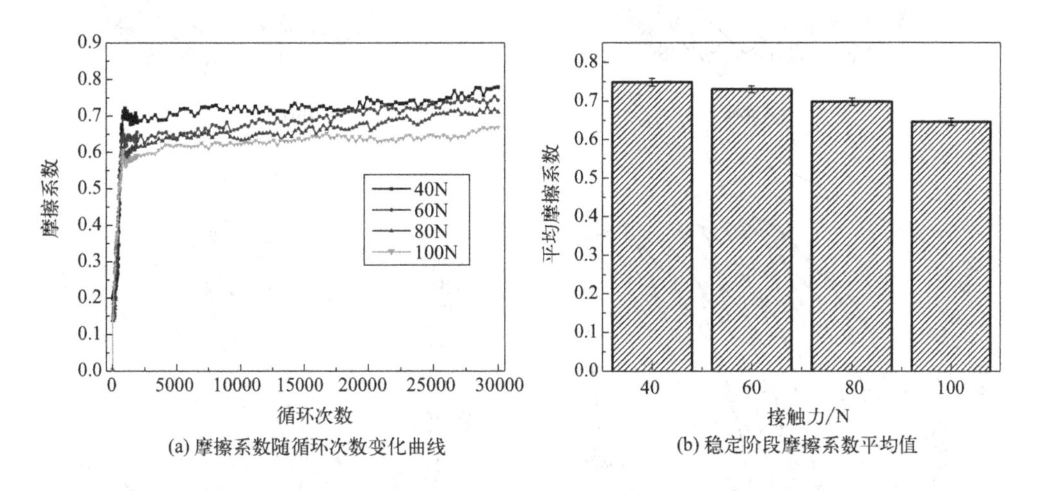

(a) 摩擦系数随循环次数变化曲线

(b) 稳定阶段摩擦系数平均值

图 4-5　不同接触力下钢丝间摩擦系数

（2）滞回曲线

图 4-6 所示为 $\delta=80\mu m$、$\alpha=30°$、$\theta=6°$时，不同接触力下摩擦力-滑动幅值的滞回曲线随循环次数演变规律。不同滞回曲线形状代表钢丝间不同的微动状态，平行四边形、椭圆形和线形分别代表接触表面处于完全滑移、部分滑移和黏着状态[3]。结果显示，微动初期，不同接触力下滞回曲线呈现出明显的平行四边形，这表明钢丝接触表面处于完全滑移状态。随着循环次数增加，滞回曲线逐渐演变

为椭圆形，微动区域的相对滑移减小，黏着增大，接触表面处于部分滑移状态。此外，随着接触力增加，滞回曲线由平行四边形转变为椭圆形所需的循环次数减小。这是因为接触力增加，钢丝间接触应力增大，钢丝磨损越严重，摩擦副表面的微凸峰发生弹塑性变形和黏着更加容易。因此，较大接触力下钢丝表面更容易进入部分滑移状态。

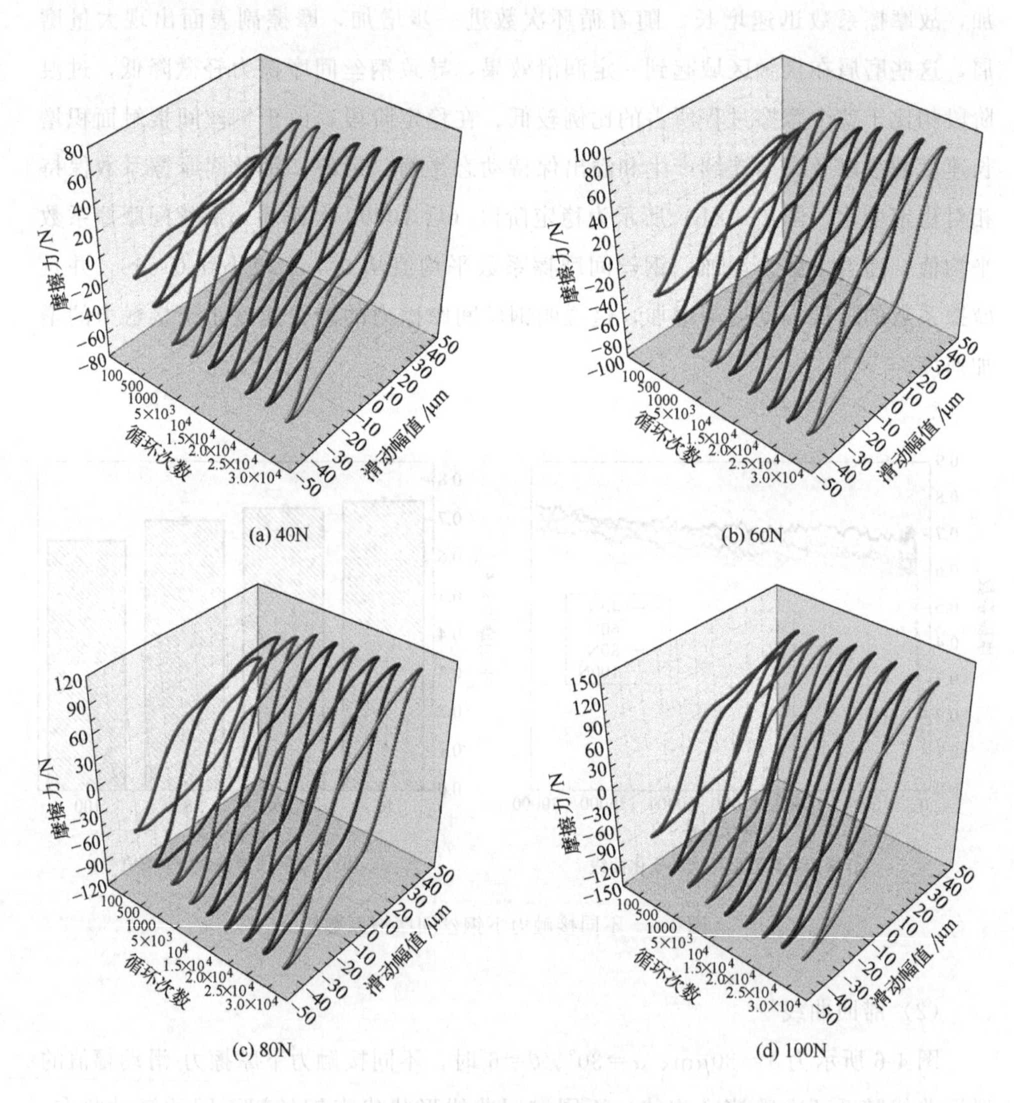

图 4-6 不同接触力下滞回曲线随循环次数演变规律

钢丝间滑动幅度包括变形量和相对滑动距离。其中，相对滑动距离如图 4-7 所示[4,5]，接触表面间相对滑动造成钢丝表面微动损伤[3]。图 4-8（a）所示为不同接触力下钢丝间相对滑动距离随循环次数变化曲线。不同接触力下钢丝间相对滑动距离均随着循环次数增加呈现出先减小后保持相对稳定的演变规律。随着接触力从 40N 增加到 100N，稳定阶段钢丝间相对滑动距离平均值从 43.91μm 减小到 28.07μm，即接触力增大，钢丝间相对滑动距离减小。这是因为在试验初期，钢丝间摩擦力较小，表面磨损轻微，故钢丝间相对滑动距离较大。随着循环次数增加，钢丝间摩擦力急剧增加，接触区域磨损剧烈，钢丝表面磨损面积快速增长，黏着区域逐渐增大，故钢丝间相对滑动距离逐渐减小。在稳定阶段，钢丝间

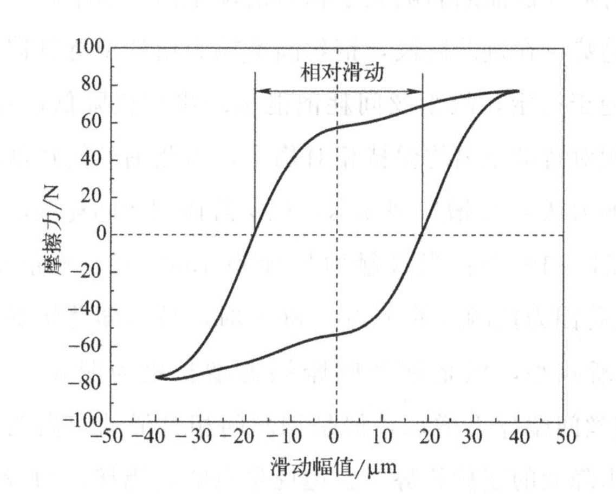

图 4-7 钢丝间摩擦力-滑动幅值的滞回曲线（接触力为 100N，循环次数为 100）

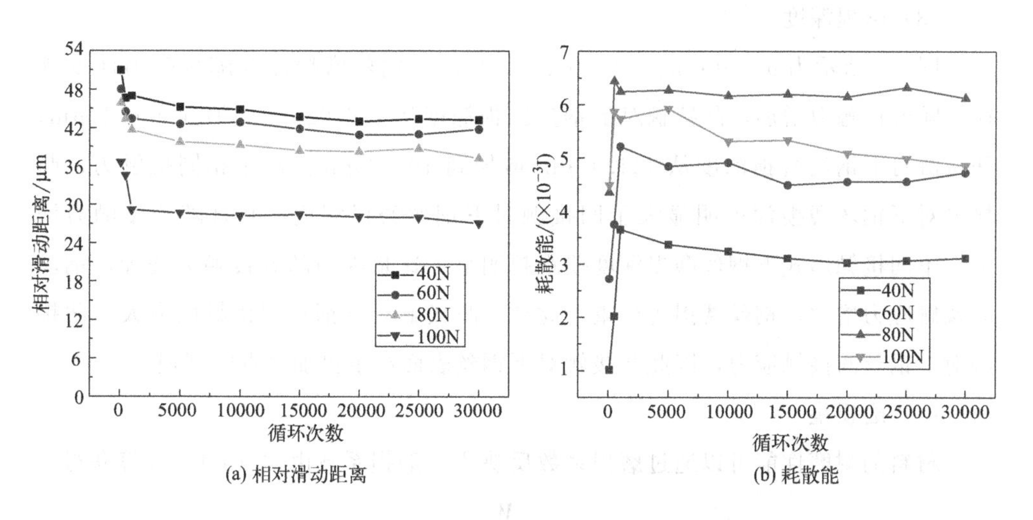

图 4-8 钢丝间相对滑动距离和耗散能随循环次数变化曲线

摩擦力保持相对稳定，磨损区域增长缓慢，故钢丝间相对滑动距离保持相对稳定变化。此外，随着接触力增加，钢丝间接触应力增长，钢丝磨损表面的微凸峰发生严重的弹塑性变形，黏着现象更加显著，因此钢丝间相对滑动距离逐渐减小。

通过计算滞回曲线所围区域的面积，获得单次循环周期内钢丝间摩擦所产生的耗散能，如图 4-8（b）所示。不同接触力下钢丝间耗散能随着循环次数增加呈现出先急剧增加再逐渐降低，最后保持相对稳定的变化趋势。这是因为虽然试验初期钢丝间相对滑动距离随着循环次数增加而减小，但是钢丝间摩擦力急剧增加，钢丝间摩擦力对耗散能的影响大于相对滑动距离的影响，所以钢丝间耗散能呈现出急剧增长趋势。在过渡阶段，钢丝间摩擦力由峰值逐渐降低，此时钢丝间相对滑动距离也趋于稳定，故钢丝间耗散能呈现出轻微降低趋势。在稳定阶段，钢丝间摩擦力和相对滑动距离均保持相对稳定，因此钢丝间耗散能保持相对稳定变化。此外，接触力从 40N 增加到 80N，稳定阶段钢丝间耗散能平均值从 3.08×10^{-3}J 增长到 6.21×10^{-3}J；当接触力增加到 100N 时，耗散能平均值降低到 5.06×10^{-3}J。这是因为接触力处于 40～80N 时，虽然随着接触力增加，钢丝间相对滑动距离逐渐减小，但是钢丝间摩擦力增长更为明显。当接触力增加到 100N 时，虽然钢丝间摩擦力增加，但是钢丝间相对滑动距离明显减小，因此钢丝间耗散能呈现出降低的变化趋势。上述现象意味着当接触力较小时，钢丝间摩擦力对耗散能的影响大于相对滑动距离的影响，而随着钢丝间接触力增加，相对滑动距离对耗散能的影响程度逐渐增大。

（3）磨损深度

图 4-9 所示为 $\delta=80\mu m$、$\alpha=30°$、$\theta=6°$时，钢丝磨损深度随接触力演变规律。随着接触力增加，凸接触对下钢丝磨损深度从 156.02μm 增加到 236.18μm；凹接触对下钢丝磨损深度从 141.49μm 增加到 191.26μm。对于相同接触力，凸接触对下钢丝磨损深度明显大于凹接触对下钢丝磨损深度，并且随着接触力增大，不同接触形式下钢丝磨损深度差距越明显。这是因为随着接触力增加，钢丝间接触应力增大，钢丝磨损越严重。此外，凸接触对下钢丝间接触应力大于凹接触对下钢丝间接触应力，因此凸接触对下钢丝表面产生更加严重的磨损。

（4）磨损量

材料的耐磨性能可以通过磨损系数反映[6]。磨损系数由式（4-1）计算获得。

$$k=\frac{W_v}{2\cdot\delta\cdot N\cdot F_n} \tag{4-1}$$

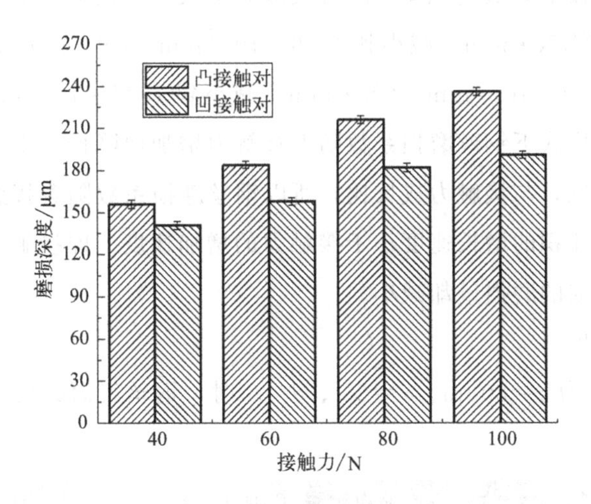

图 4-9 钢丝磨损深度随接触力演变规律

式中，W_v 为磨损体积，mm^3；N 为循环次数；F_n 为钢丝间接触力。

图 4-10（a）所示为 $\delta=80\mu m$、$\alpha=30°$、$\theta=6°$时，钢丝磨损体积随接触力演变规律。随着接触力增加，凸接触对下钢丝磨损体积从 $3.57\times10^{-2}mm^3$ 增加到 $7.01\times10^{-2}mm^3$；凹接触对下钢丝磨损体积从 $3.48\times10^{-2}mm^3$ 增加到 $6.11\times10^{-2}mm^3$。因此，不同接触形式下钢丝磨损体积均随着接触力增加而增加；对于相同接触力，凸接触对下钢丝磨损体积大于凹接触对下钢丝磨损体积，并且随着接触力增加，不同接触对下钢丝磨损体积的差距逐渐增大。图 4-10（b）所示为

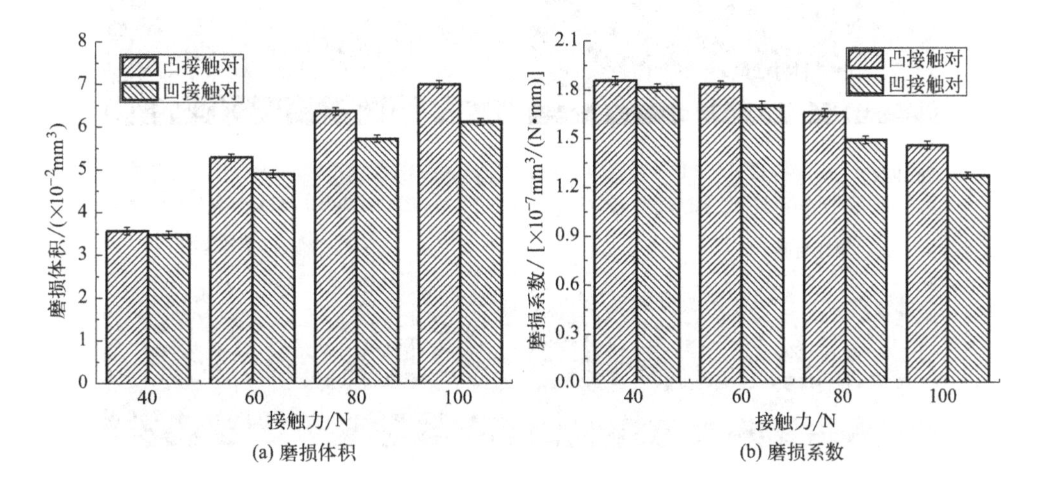

图 4-10 钢丝磨损体积和磨损系数随接触力演变规律

钢丝磨损系数随接触力演变规律。随着接触力增大，凸接触对下钢丝磨损系数从 $1.86\times10^{-7}\mathrm{mm}^3/(\mathrm{N}\cdot\mathrm{mm})$ 减小到 $1.46\times10^{-7}\mathrm{mm}^3/(\mathrm{N}\cdot\mathrm{mm})$；凹接触对下钢丝磨损系数从 $1.81\times10^{-7}\mathrm{mm}^3/(\mathrm{N}\cdot\mathrm{mm})$ 减小到 $1.27\times10^{-7}\mathrm{mm}^3/(\mathrm{N}\cdot\mathrm{mm})$。因此，不同接触形式下钢丝磨损系数随着接触力增加而降低。由于钢丝磨损系数与磨损体积成正比，与接触力成反比，所以钢丝磨损系数随着接触力增加而减小意味着钢丝磨损体积的增长速度小于接触力的增加速度。即接触力增加，单位距离下单位载荷造成的磨损量却减小。

（5）磨损机理

图 4-11 所示为 $\delta=80\mu\mathrm{m}$、$\alpha=30°$、$\theta=6°$时，钢丝表面磨痕形貌随接触力演

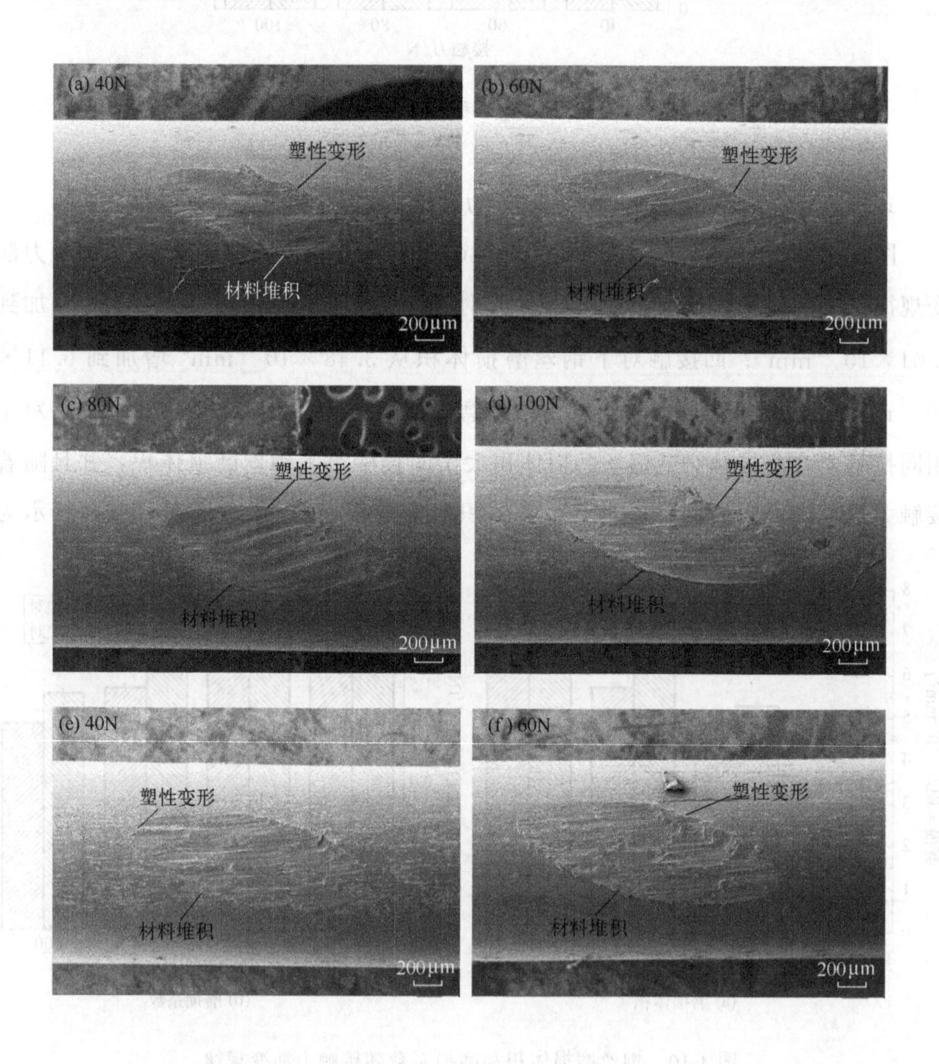

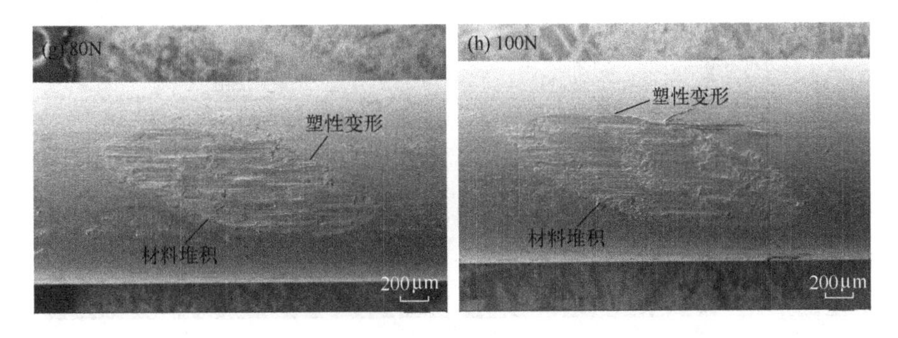

图 4-11 钢丝表面磨痕形貌随接触力演变图

变图。其中，图 4-11 (a)～(d) 为凸接触对下钢丝磨痕形貌，图 4-11 (e)～(h) 为凹接触对下钢丝磨痕形貌。可以发现，不同接触形式下钢丝表面磨痕均呈现出椭圆形的凹坑，磨痕边缘产生塑性变形和材料堆积现象，并伴有高低不平的磨损形貌。此外，相比于凸接触对，凹接触对下钢丝磨痕表面更加粗糙。

通过对不同接触力下钢丝磨痕局部区域进行放大，可以观察到钢丝磨痕表面的微观形貌，不同接触形式下钢丝的微观磨损特征随接触力演变图如图 4-12 所

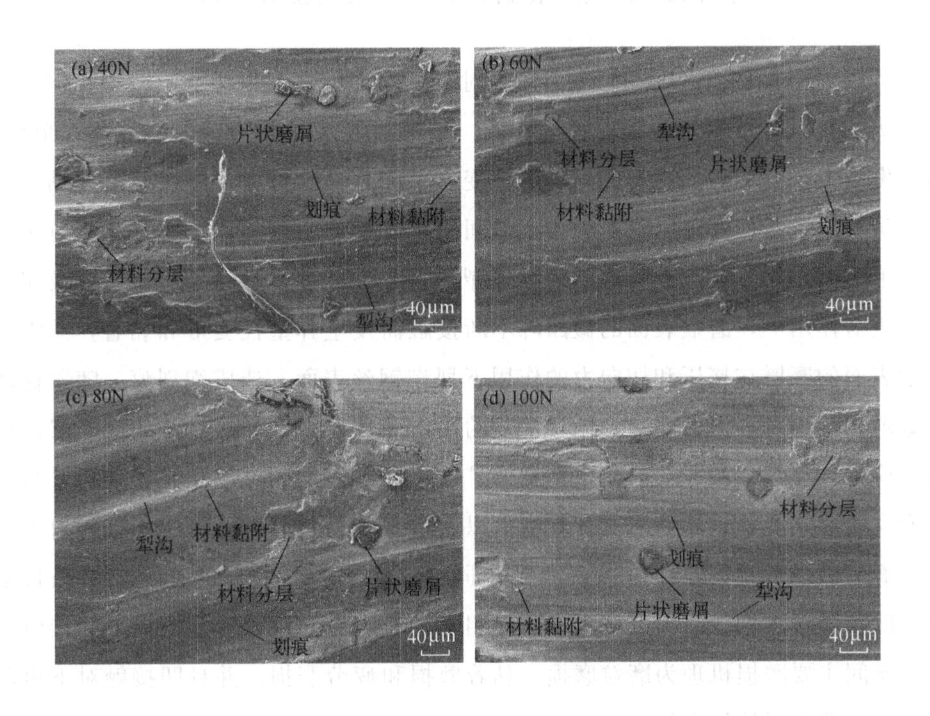

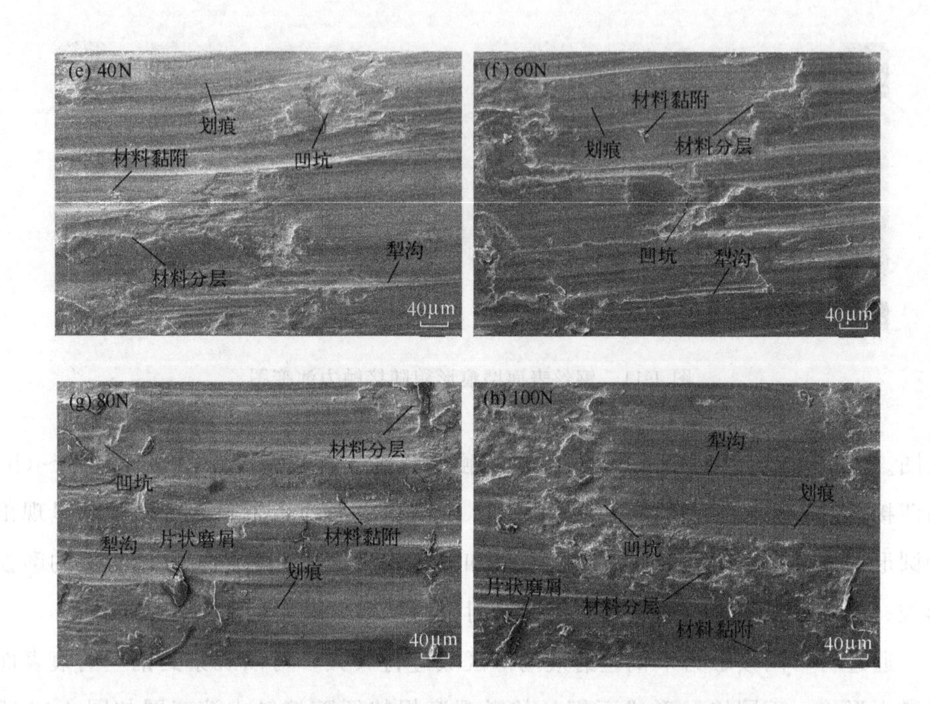

图 4-12 钢丝磨痕表面微观磨损特征随接触力演变图

示。其中，图 4-12 (a)～(d) 为凸接触对下钢丝的微观磨损特征，图 4-12 (e)～(h) 为凹接触对下钢丝的微观磨损特征。对于凸接触对下钢丝表面的微观形貌，可以发现大量的磨屑、材料黏附、塑性变形、细划痕、材料分层以及沿滑动方向的犁沟等微观磨损特征。这是因为钢丝间相互摩擦产生磨屑，在挤压和相对运动作用下磨屑对接触表面进行切削，导致犁沟现象。此外，在挤压、剪切以及扭转复合载荷作用下，磨痕表面的微凸峰不断接触而发生弹塑性变形和黏着，黏附于接触表面的磨屑在挤压和切向力的作用下划伤钢丝表面，造成细划痕。随着循环次数增加，钢丝表面材料受到循环反复的法向和切向力，导致磨痕的次表层产生剪切应力，促进了微裂纹的萌生和横向扩展，当次表层的裂纹相互连接后，材料以剥层的形式脱落，从而形成片状磨屑以及阶梯状材料分层。对于凹接触对下钢丝表面的微观形貌，同样可以观察到相同的微观磨损特征，但是相比于凸接触对，凹接触对下钢丝磨损区域存在更加明显的材料分层现象。因此，不同接触力下钢丝间主要磨损机理为磨粒磨损、黏着磨损和疲劳磨损，并且凹接触对下钢丝表面的疲劳磨损特征更加显著。

4.2.2 微动振幅对摩擦磨损特性的影响规律

（1）摩擦系数

图 4-13 所示为 $F_n=100\text{N}$、$\alpha=30°$、$\theta=6°$时，钢丝间摩擦系数随微动振幅演变规律。不同微动振幅下钢丝间摩擦系数变化曲线同样分为快速增长阶段、过渡阶段和稳定阶段。不同工况下快速增长阶段的循环次数差别不大，约为 800 次循环，并且摩擦系数峰值随着微动振幅增加而增加。在过渡阶段，随着微动振幅增加，钢丝间摩擦系数下降程度明显，这是因为钢丝间相对滑动距离的增加有利于磨屑的溢出，从而更容易实现磨屑的连续产生和溢出的动态平衡。在稳定阶段，随着微动振幅增加，钢丝间摩擦系数平均值从 0.569 增长到 0.678，这意味着微动振幅增加，钢丝间摩擦越剧烈。

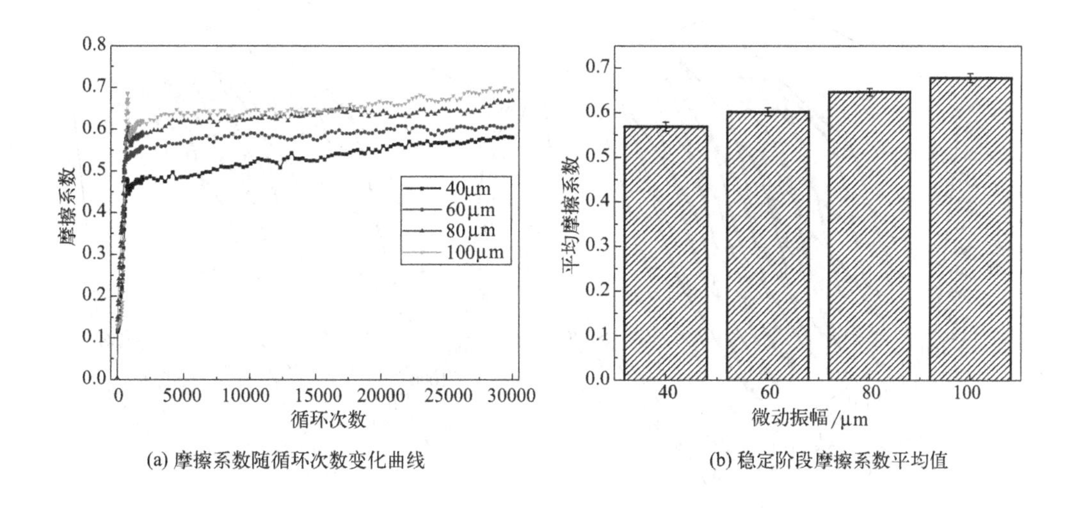

图 4-13 不同微动振幅下钢丝间摩擦系数

（2）滞回曲线

图 4-14 所示为 $F_n=100\text{N}$、$\alpha=30°$、$\theta=6°$时，不同微动振幅下摩擦力-滑动幅值的滞回曲线随循环次数演变规律。随着循环次数增加，不同微动振幅下滞回曲线由平行四边形逐渐转变为椭圆形，这意味着钢丝接触表面由初始的完全滑移状态逐渐转变为部分滑移状态，钢丝间相对滑动减小，黏着增大。此外，随着微动振幅增加，滞回曲线摩擦力的最大值随之增大。

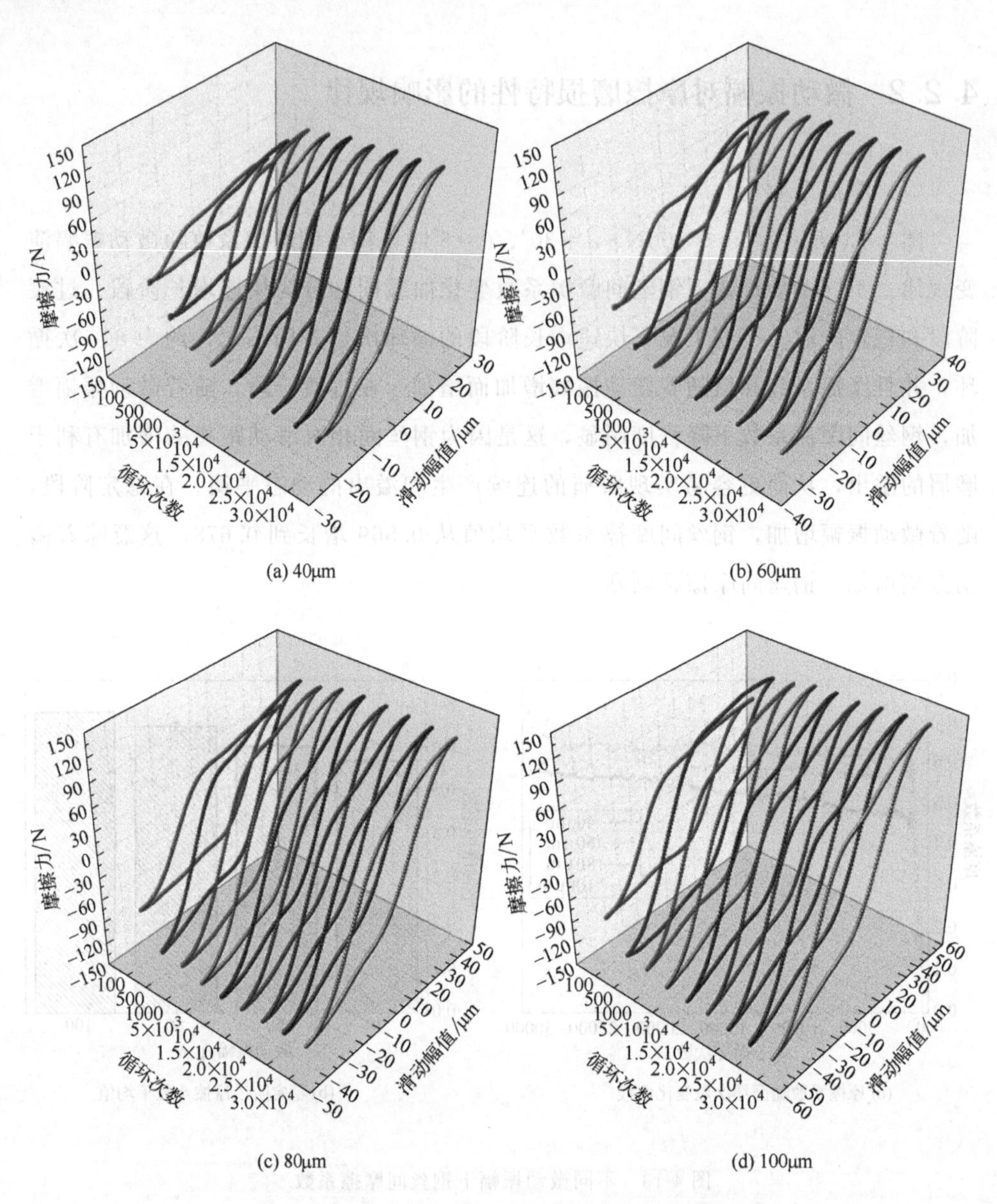

图 4-14 不同微动振幅下滞回曲线随循环次数演变规律

由图 4-15 (a) 可知，随着循环次数增加，不同微动振幅下钢丝间相对滑动距离呈现出先减小，再保持相对稳定的变化趋势。当微动振幅从 40μm 增加到 100μm，稳定阶段钢丝间相对滑动距离平均值从 11.82μm 增加到 38.02μm。即微动振幅增加，钢丝间相对滑动距离增大。在图 4-15 (b) 中，随着微动振幅增加，稳定阶段钢丝间耗散能平均值从 2.02×10^{-3}J 增长到 7.06×10^{-3}J，耗散能增长明显，这是由钢丝间摩擦力和相对滑动距离均随着微动振幅增加而增加所导致的。

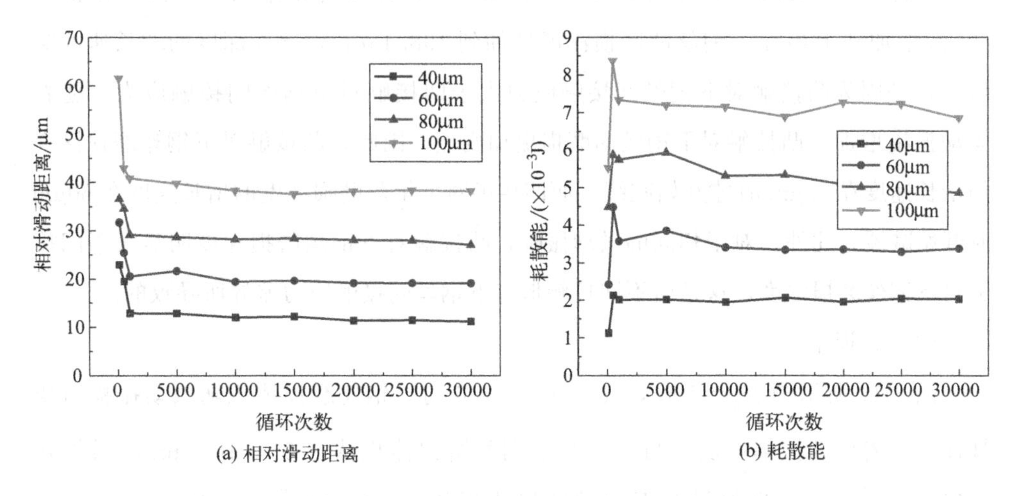

图 4-15 钢丝间相对滑动距离和耗散能随循环次数变化曲线

(3) 磨损深度

图 4-16 所示为 $F_n=100$N、$\alpha=30°$、$\theta=6°$时，钢丝磨损深度随微动振幅演变规律。随着微动振幅增加，钢丝磨损深度随之增加，并且不同接触形式下钢丝磨损深度的差异越明显。对于凸接触对，当微动振幅从 40μm 增加到 80μm，钢丝磨损深度从 187.36μm 增加到 236.18μm，钢丝磨损深度几乎呈现出线性增长趋

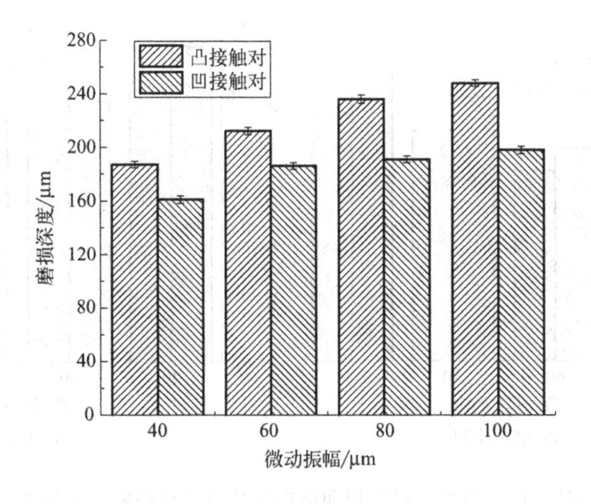

图 4-16 钢丝磨损深度随微动振幅演变规律

势；当微动振幅从 80μm 增加到 100μm，钢丝的磨损深度增加到 248.78μm，磨损深度的增长速度减缓。对于凹接触对，当微动振幅从 40μm 增加到 60μm，钢丝磨损深度从 161.27μm 增加到 186.02μm，磨损深度急剧增长；当微动振幅从 60μm 增加到 100μm，钢丝的磨损深度增加到 198.45μm，磨损深度的增长速度减缓。这是因为凸接触对下钢丝间接触应力大于凹接触对下钢丝间接触应力，随着微动振幅增加，凸接触对下钢丝间磨损更加剧烈。因此，凸接触对下钢丝磨损深度的增长速度在 80μm 时才开始减缓，而凹接触对下钢丝磨损深度的增长速度在 60μm 时开始减缓。此外，对于相同的微动振幅，凸接触对下钢丝磨损深度明显大于凹接触对下钢丝磨损深度，这是由不同接触形式下钢丝间接触应力差异所导致的。

（4）磨损量

图 4-17 所示为 $F_n=100\text{N}$、$\alpha=30°$、$\theta=6°$时，钢丝磨损体积随微动振幅演变规律。随着微动振幅增加，凸接触对下钢丝磨损体积从 $4.55\times10^{-2}\text{mm}^3$ 增加到 $7.61\times10^{-2}\text{mm}^3$，凹接触对下钢丝磨损体积从 $4.02\times10^{-2}\text{mm}^3$ 增加到 $6.54\times10^{-2}\text{mm}^3$。图 4-17（b）所示为钢丝磨损系数随微动振幅变化规律。相比于磨损体积随着微动振幅增加而增加，不同接触形式下钢丝磨损系数却随着微动振幅增加而减小，这是因为磨损系数与磨损体积成正比，与接触力和微动振幅的乘积成反比，虽然磨损体积随着微动振幅增加而增加，但是钢丝间摩擦力和微动振幅的乘积增长程度更加显著。上述现象说明单位载荷下滑动单位距离所引起的磨损量随着微动振幅增加而减小。此外，对于相同的微动振幅，凸接触对下钢丝磨损更加严重。

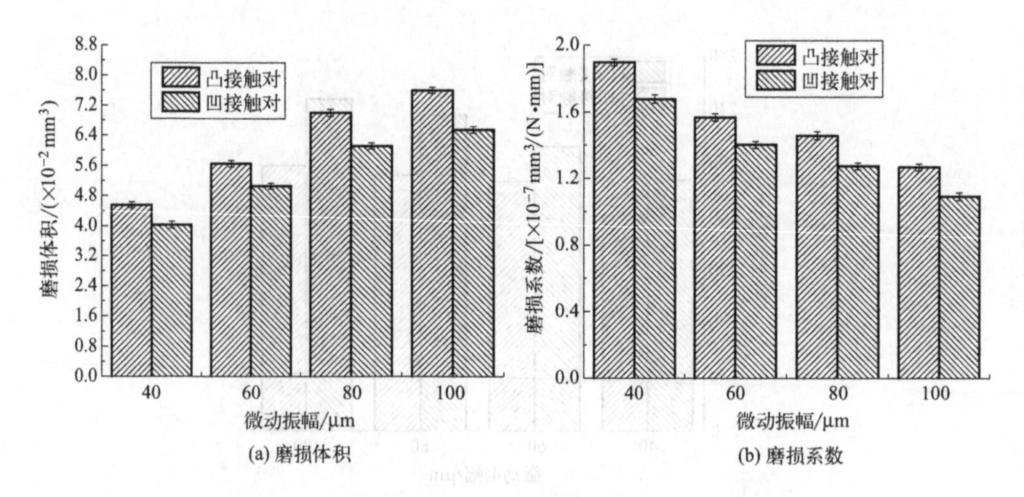

(a) 磨损体积　　(b) 磨损系数

图 4-17　钢丝磨损体积和磨损系数随微动振幅演变规律

(5) 磨损机理

图 4-18 所示为 $F_n=100\mathrm{N}$、$\alpha=30°$、$\theta=6°$时，钢丝表面磨痕形貌随微动振幅演变图。其中，图 4-18 (a)～(d) 为凸接触形式下钢丝磨痕形貌，图 4-18 (e)～

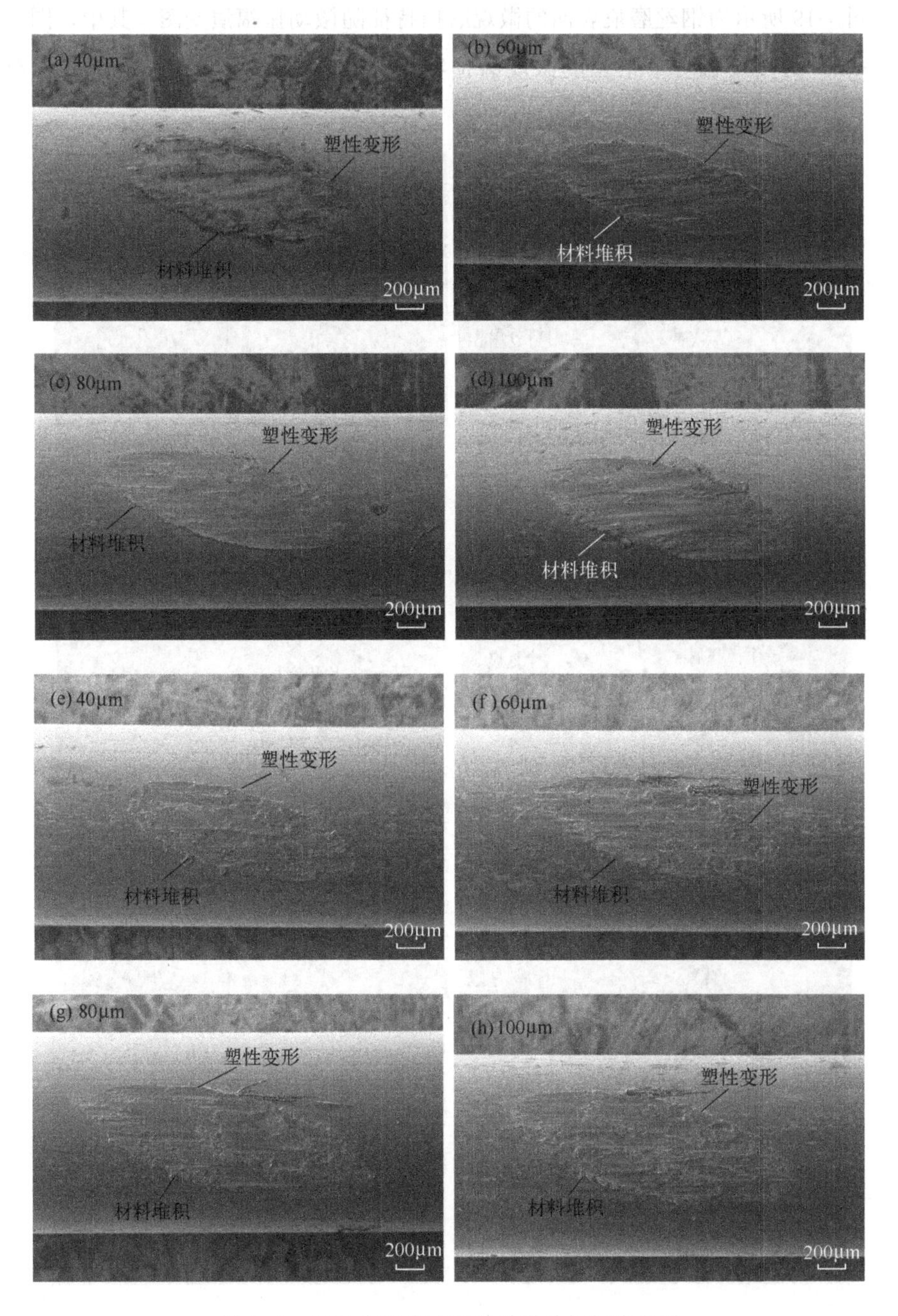

图 4-18 钢丝表面磨痕形貌随微动振幅演变图

(h) 为凹接触形式下钢丝磨痕形貌。不同接触形式下钢丝磨痕呈现出椭圆形的凹坑，磨痕边缘存在塑性变形和材料堆积，并伴有高低不平的磨损形貌。此外，相比于凸接触对，凹接触对下钢丝磨痕表面更加粗糙。

图 4-19 所示为钢丝磨痕表面的微观磨损特征随微动振幅演变图。其中，图 4-19 (a)～(d) 为凸接触对下钢丝的微观磨损特征，图 4-19 (e)～(h) 为凹接触对下

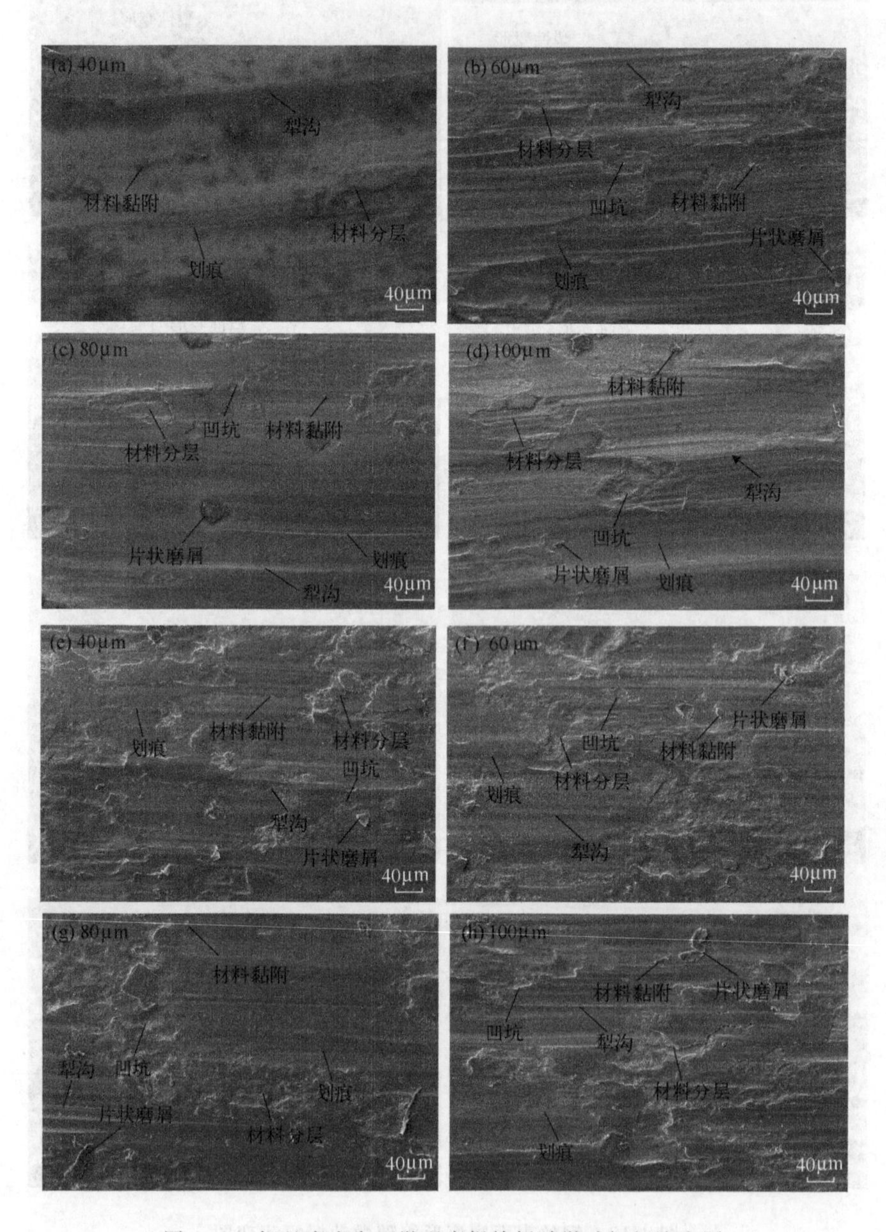

图 4-19 钢丝磨痕表面微观磨损特征随微动振幅演变图

钢丝的微观磨损特征。当微动振幅为 40μm 时，凸接触对下钢丝磨损表面呈现出明显的材料黏附、犁沟、细划痕以及轻微的材料分层现象。随着微动振幅增加，钢丝磨痕表面呈现出越来越严重的材料分层和凹坑现象，并且犁沟的深度明显加深。这是因为微动振幅较小时，钢丝间相对滑动距离较小，越容易产生黏着，从而导致钢丝磨痕表面呈现出明显的黏着磨损特征。随着微动振幅增加，钢丝间容易相对滑动，造成钢丝表面磨损剧烈，促进了疲劳磨损和磨粒磨损特征的产生。因此，随着微动振幅增加，凸接触对下钢丝间主要磨损机理由黏着磨损和磨粒磨损逐渐演变为黏着磨损、磨粒磨损和疲劳磨损。此外，对于相同的微动振幅，凹接触对下钢丝表面的微观磨损特征明显多于凸接触对下钢丝表面的微观磨损特征。凹接触对下钢丝磨痕表面分布着大量的阶梯状材料分层，并且随着微动振幅增加没有发生明显的变化。这是因为凹接触对下摩擦过程中产生的磨屑不易于排出接触区域，在挤压、剪切和扭转载荷作用下容易导致应力集中，加剧钢丝表面的材料剥落，故不同微动振幅下钢丝磨痕表面的材料分层现象差异不大。因此，凹接触对下钢丝间主要磨损机理为磨粒磨损、黏着磨损和疲劳磨损。

4.2.3 交叉角度对摩擦磨损特性的影响规律

(1) 摩擦系数

图 4-20 所示为 $F_n = 100\text{N}$、$\delta = 80\mu\text{m}$、$\theta = 6°$时，钢丝间摩擦系数随交叉角度演变规律。快速增长阶段钢丝间摩擦系数峰值随着交叉角度增加而减小，并且稳

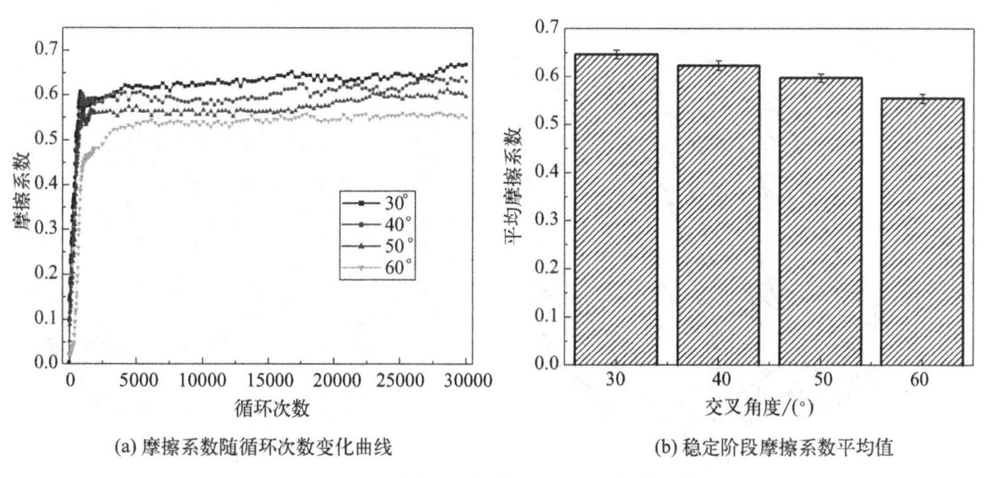

(a) 摩擦系数随循环次数变化曲线 (b) 稳定阶段摩擦系数平均值

图 4-20 不同交叉角度下钢丝间摩擦系数

定阶段不同交叉角度的摩擦系数变化曲线差异明显。由图 4-20（b）可知，在稳定阶段，随着交叉角度增加，钢丝间摩擦系数平均值从 0.646 减小到 0.554，并且摩擦系数减小幅度越明显。这是因为随着交叉角度增加，钢丝间接触面积减小，钢丝间越容易相对滑动。此外，钢丝间相对滑动距离的增加有利于磨屑的溢出，从而更容易实现磨屑连续产生和溢出的动态平衡，而不会积聚在接触区域阻碍钢丝间相对运动。因此，随着交叉角度增加，钢丝间摩擦系数越小，稳定阶段摩擦系数的差异越明显。

（2）滞回曲线

图 4-21 所示为 $F_n=100\text{N}$、$\delta=80\mu\text{m}$、$\theta=6°$时，不同交叉角度下摩擦力-滑

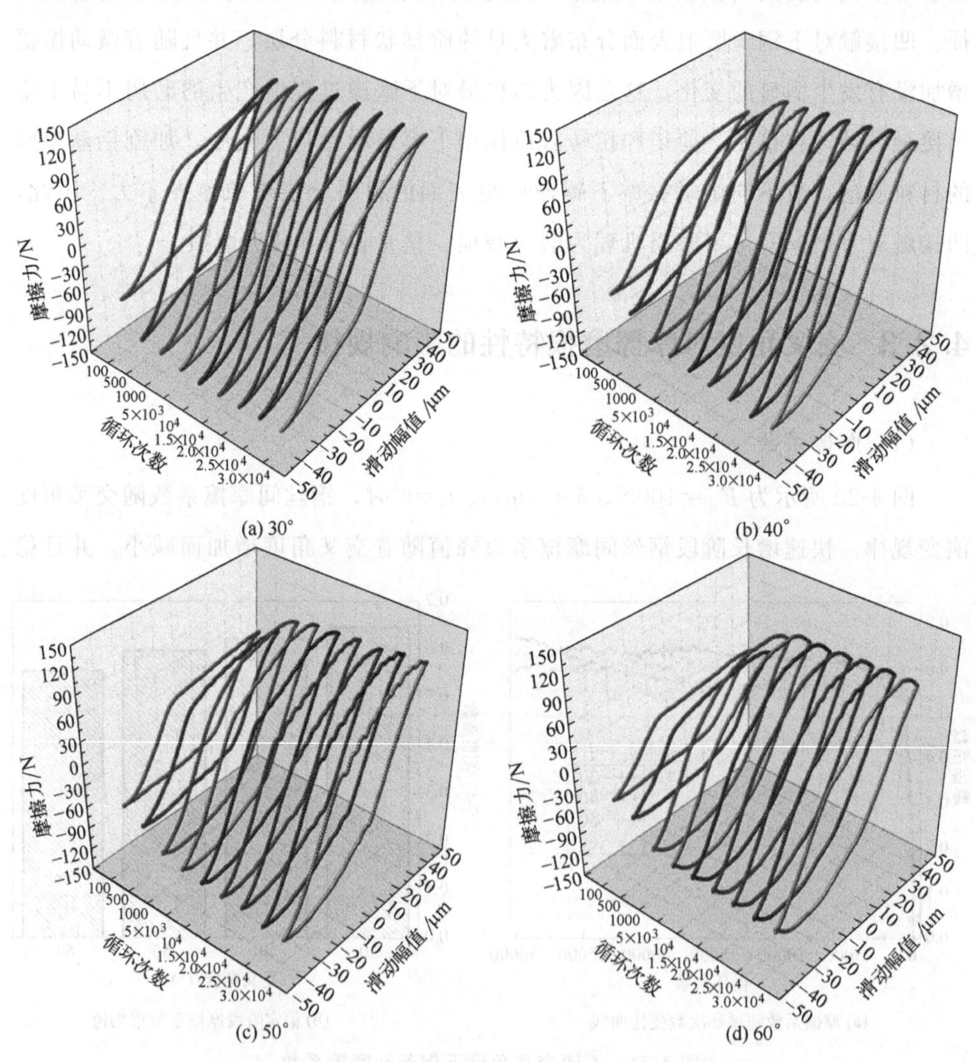

图 4-21 不同交叉角度下滞回曲线随循环次数演变规律

动幅值的滞回曲线随循环次数演变规律。随着循环次数增加，不同交叉角度下滞回曲线形状由平行四边形逐渐转变为椭圆形，这意味着钢丝接触表面由初始的完全滑移状态逐渐变为部分滑移状态，钢丝间相对滑动减小，黏着增加。此外，随着交叉角度增加，不同循环次数下滞回曲线的开口逐渐变大，这说明交叉角度增加，钢丝间越容易相对滑动，将会加剧钢丝间磨损程度。

由图 4-22 可知，随着交叉角度从 30°增加到 60°，稳定阶段钢丝间相对滑动距离平均值从 28.07μm 增加到 43.11μm，耗散能平均值从 5.06×10^{-3}J 增长到 8.08×10^{-3}J。因此，交叉角度增加，钢丝间越容易相对滑动，在挤压、剪切以及扭转复合载荷作用下钢丝间将会产生更严重的磨损和更多的能量损失。

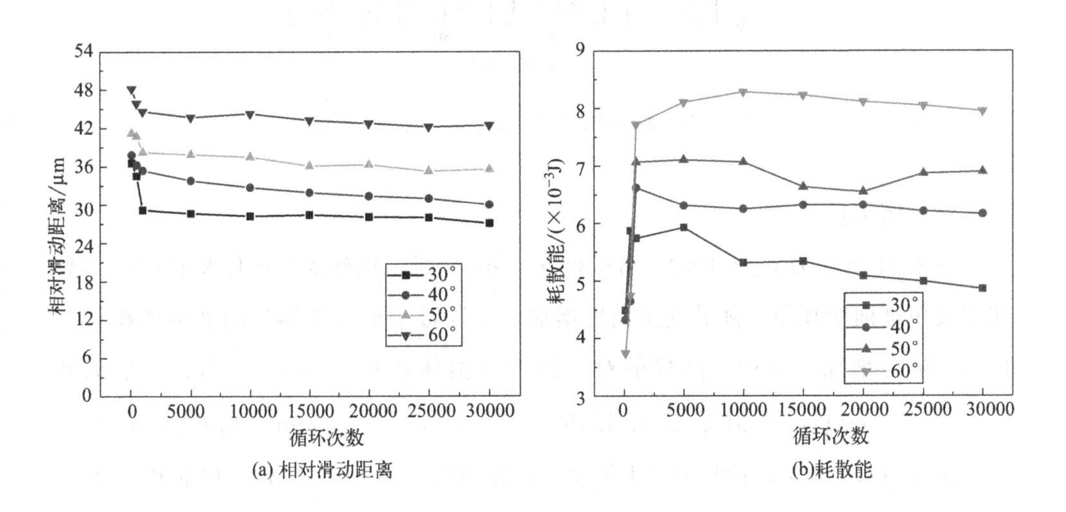

图 4-22 钢丝间相对滑动距离和耗散能随循环次数变化曲线

(3) 磨损深度

图 4-23 所示为 $F_n=100$N、$\delta=80\mu$m、$\theta=6°$时，钢丝磨损深度随交叉角度演变规律。随着交叉角度增加，凸接触对下钢丝磨损深度从 236.18μm 增加到 284.43μm，增长幅度为 48.25μm；凹接触对下钢丝磨损深度从 191.26μm 增加到 221.24μm，增长幅度为 29.98μm。凸接触对下钢丝磨损深度的增长幅度明显大于凹接触对下钢丝磨损深度的增长幅度。这是因为在拉伸-扭转复合力的作用下钢丝表面产生挤压和剪切力，随着交叉角度增大，钢丝间接触面积减小，接触应力增大，钢丝间磨损更加剧烈。此外，凸接触对下钢丝间接触应力和相对滑动距离均大于凹接触下钢丝间接触应力和相对滑动距离。因此，凸接触对下钢丝的磨损

深度和增长幅度均明显大于凹接触对下钢丝的磨损深度和增长幅度。

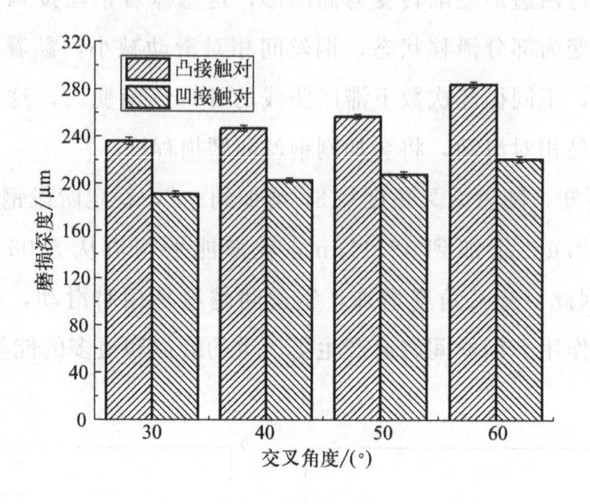

图 4-23 钢丝磨损深度随交叉角度演变规律

(4) 磨损量

图 4-24 所示为 $F_n=100\text{N}$、$\delta=80\mu\text{m}$、$\theta=6^\circ$时，钢丝的磨损体积和磨损系数随交叉角度演变规律。随着交叉角度增加，不同接触形式下钢丝的磨损体积和磨损系数随之增加。其中，凸接触对下钢丝磨损体积从 $7.01\times10^{-2}\text{mm}^3$ 增加到 $8.83\times10^{-2}\text{mm}^3$，磨损系数从 $1.46\times10^{-7}\text{mm}^3/(\text{N}\cdot\text{mm})$ 增加到 $1.84\times10^{-7}\text{mm}^3/(\text{N}\cdot\text{mm})$；凹接触对下钢丝磨损体积从 $6.11\times10^{-2}\text{mm}^3$ 增加到 $7.25\times$

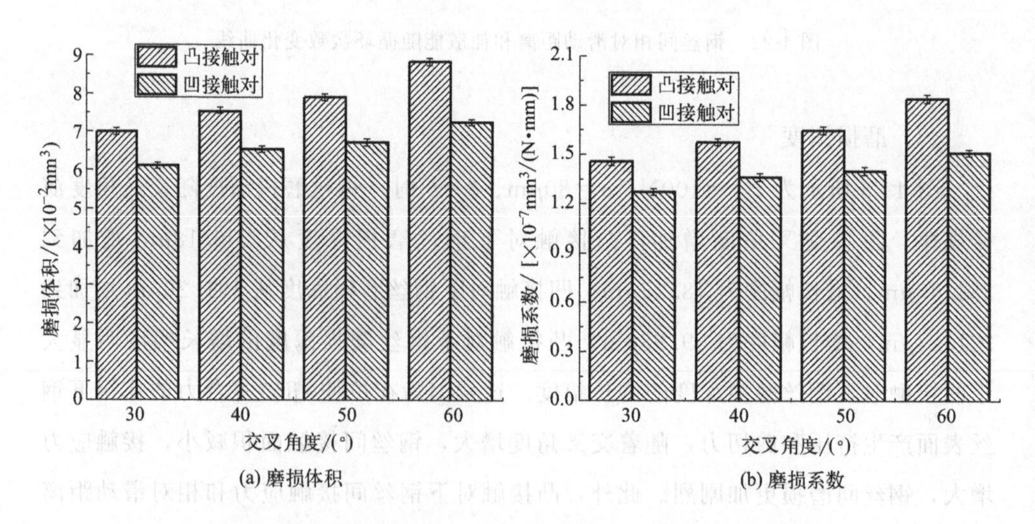

图 4-24 钢丝磨损体积和磨损系数随交叉角度演变规律

$10^{-2}\mathrm{mm}^3$，磨损系数从 $1.27\times10^{-7}\mathrm{mm}^3/(\mathrm{N}\cdot\mathrm{mm})$ 增加到 $1.51\times10^{-7}\mathrm{mm}^3/(\mathrm{N}\cdot\mathrm{mm})$，不同接触形式下钢丝磨损体积和磨损系数的差异越来越大，这与不同接触形式下钢丝磨损深度随交叉角度变化的规律一致。上述现象同样意味着交叉角度增加，钢丝间磨损加剧，将会造成更加严重的材料损失。

(5) 磨损机理

图 4-25 所示为 $F_n=100\mathrm{N}$、$\delta=80\mu\mathrm{m}$、$\theta=6°$时，钢丝表面磨痕形貌随交叉角度演变图。其中，图 4-25 (a)～(d) 为凸接触形式下钢丝磨痕形貌，图 4-25 (e)～(h) 为凹接触形式下钢丝磨痕形貌。不同交叉角度下钢丝表面磨痕均呈现出椭圆形的凹坑，磨痕边缘产生塑性变形和材料堆积现象，并伴有高低不平的磨损形

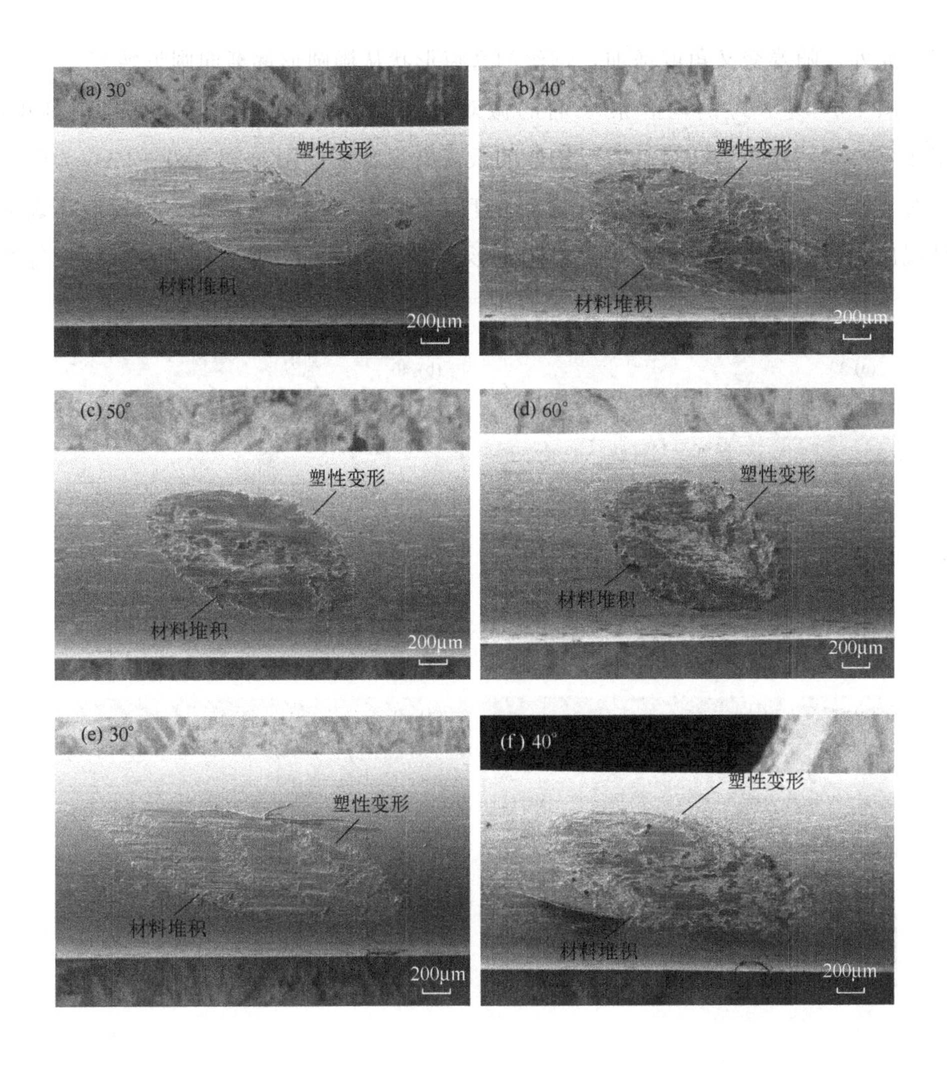

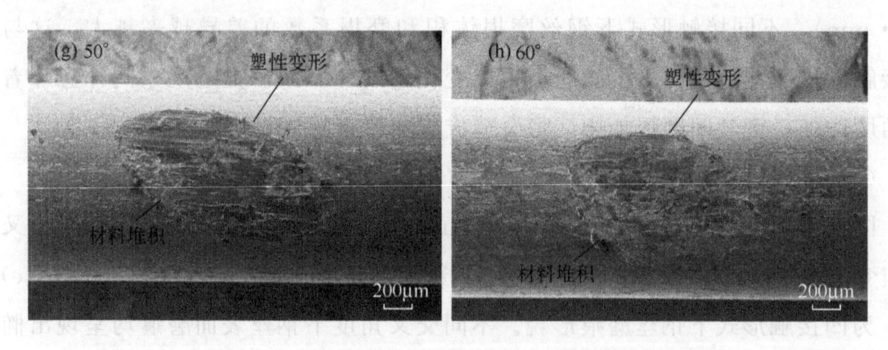

图 4-25　钢丝表面磨痕形貌随交叉角度演变图

貌。此外，随着交叉角度增加，钢丝的磨痕形状从椭圆形逐渐向圆形转变。

图 4-26 所示为钢丝磨痕表面的微观磨损特征随交叉角度演变图。其中，图 4-26（a）～（d）为凸接触对下钢丝的微观磨损特征，图 4-26（e）～（h）为凹接触对下钢丝的微观磨损特征。当交叉角度较小时，不同接触形式下钢丝磨痕表面呈现出大量的磨屑、材料黏附、塑性变形、材料分层、凹坑、犁沟和细划痕等特

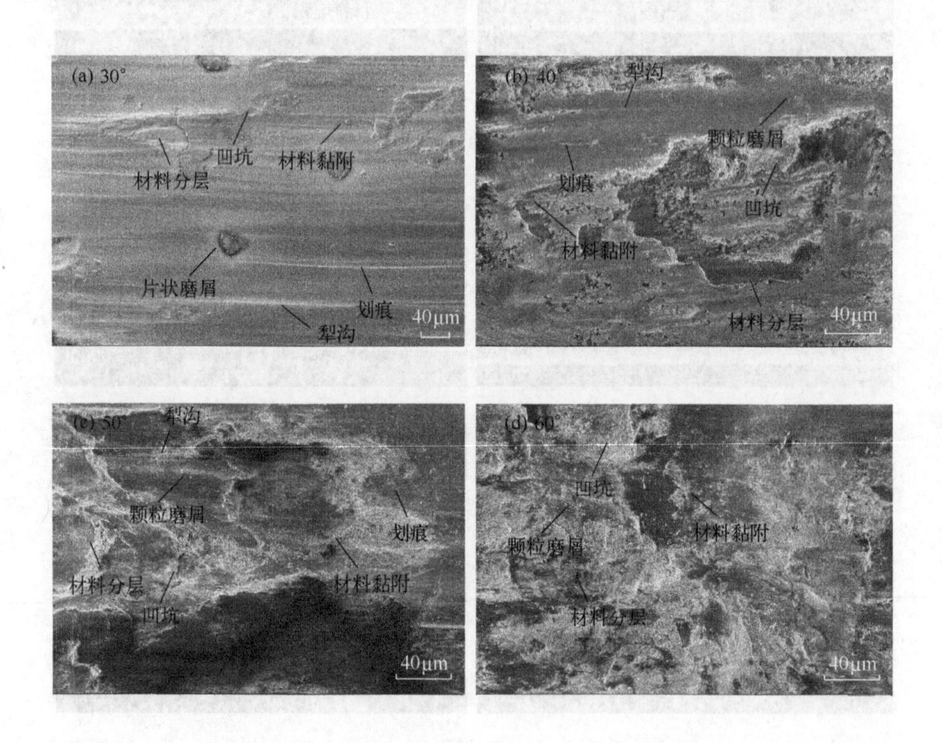

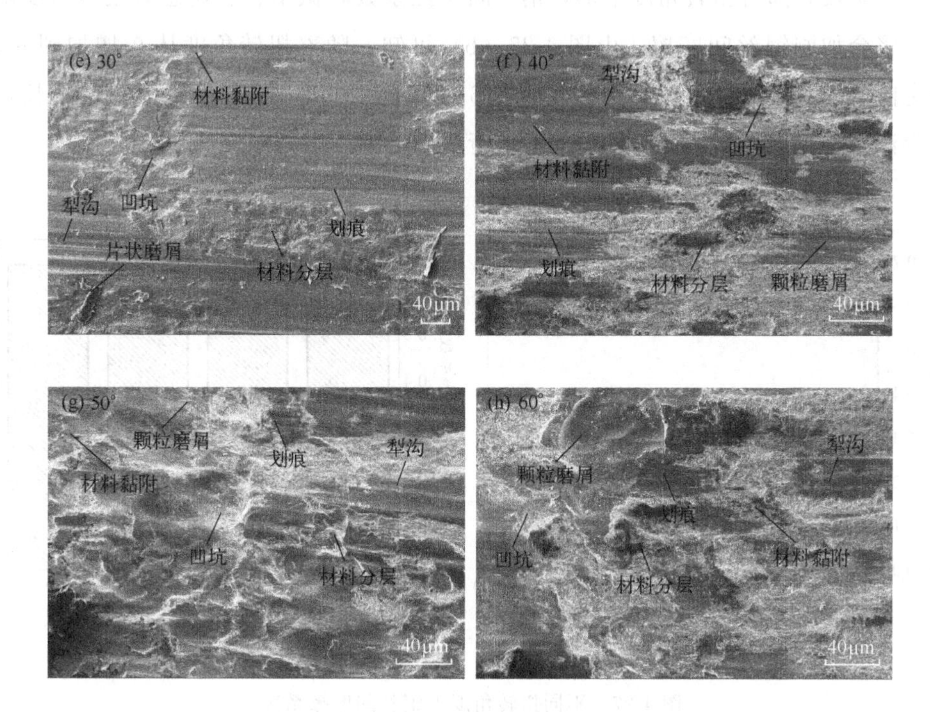

图 4-26 钢丝磨痕表面微观磨损特征随交叉角度演变图

征。随着交叉角度增加，钢丝表面的材料分层、凹坑、材料黏附等特征逐渐增多，而犁沟、细划痕等磨粒磨损特征逐渐减小。这是因为随着交叉角度增加，钢丝间接触应力增大，促进了材料次表层的裂纹萌生和扩展，加剧了磨痕表面的材料剥落。而犁沟、细划痕等磨粒磨损特征依附于材料表面，并随着大片材料剥落而一起脱落。此外，接触应力增大，磨痕表面的微凸峰越容易发生材料转移而黏附于磨痕表面。因此，不同交叉角度下钢丝间主要磨损机理为磨粒磨损、黏着磨损和疲劳磨损，并且随着交叉角度增加，磨痕表面的疲劳磨损和黏着磨损加剧，而磨粒磨损特征逐渐减弱。

4.2.4 扭转角度对摩擦磨损特性的影响规律

(1) 摩擦系数

图 4-27 所示为 $F_n=100\text{N}$、$\delta=80\mu\text{m}$、$\alpha=30°$时，钢丝间摩擦系数随扭转角度演变规律。在快速增长阶段，不同扭转角度下钢丝间摩擦系数峰值差别不大。

在稳定阶段，随着扭转角度增加，钢丝间摩擦系数轻微增长，这意味扭转角度增加，将会加剧钢丝间摩擦。由图 4-27（b）可知，随着扭转角度从 0°增加到 6°，稳定阶段钢丝间摩擦系数平均值从 0.575 增长到 0.646，并且摩擦系数的增长幅度逐渐减小，即扭转角度对钢丝间摩擦行为的影响逐渐减弱。

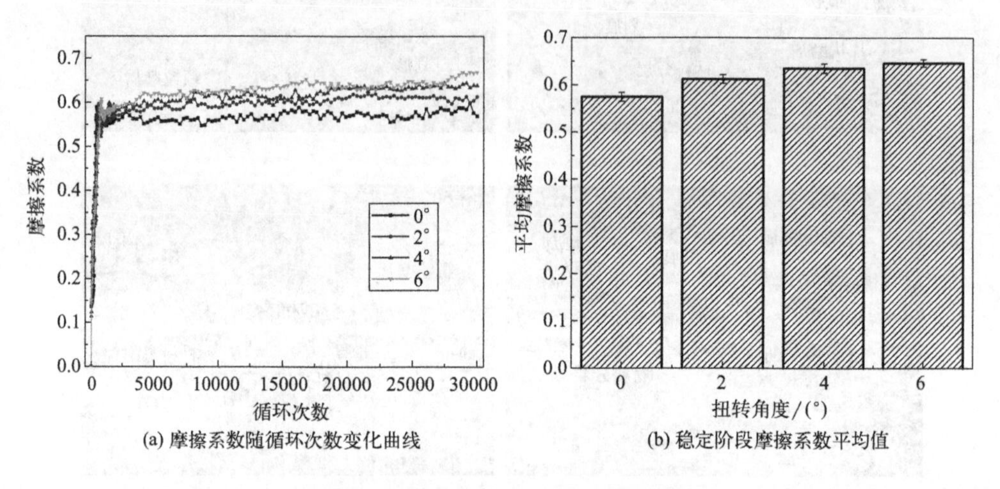

(a) 摩擦系数随循环次数变化曲线　　(b) 稳定阶段摩擦系数平均值

图 4-27　不同扭转角度下钢丝间摩擦系数

（2）滞回曲线

图 4-28 所示为 $F_n=100\text{N}$、$\delta=80\mu\text{m}$、$\alpha=30°$时，不同扭转角度下摩擦力-滑

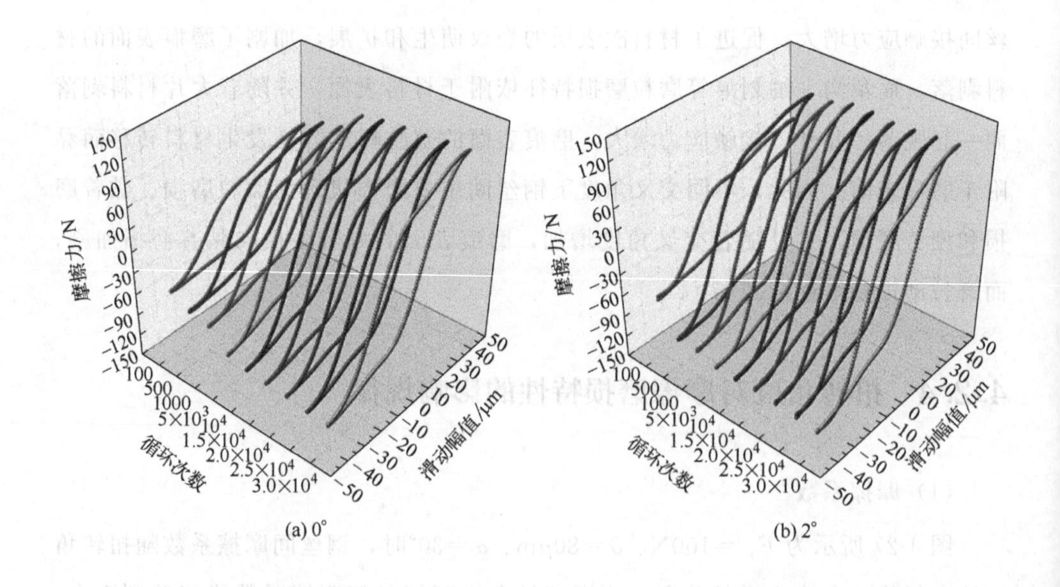

(a) 0°　　(b) 2°

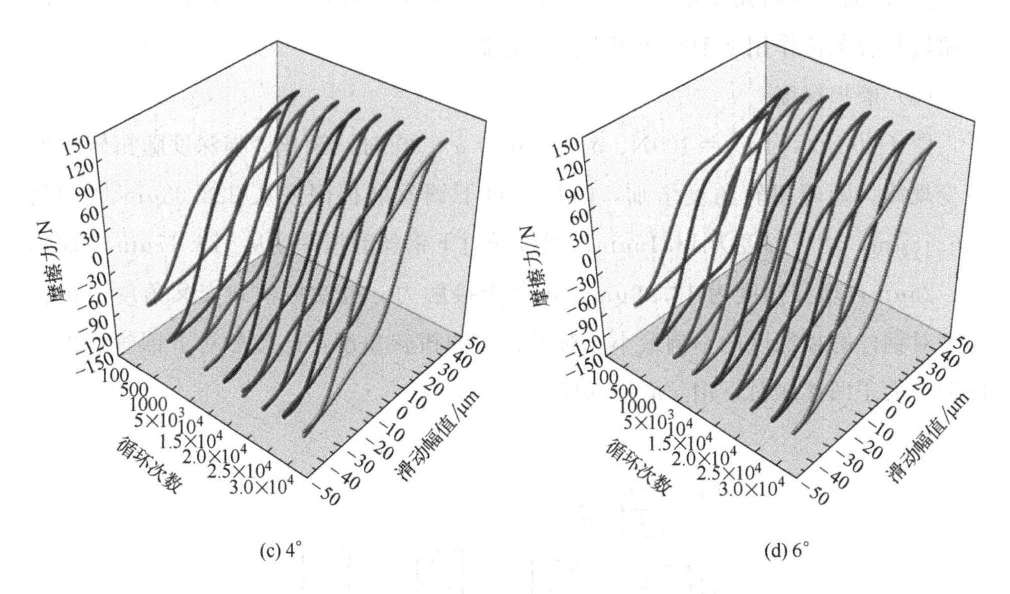

(c) 4°　　(d) 6°

图 4-28　不同扭转角度下滞回曲线随循环次数演变规律

动幅值的滞回曲线随循环次数演变规律。随着循环次数增加，不同扭转角度下滞回曲线形状由平行四边形逐渐转变为椭圆形，这意味着钢丝接触表面由初始的完全滑移状态逐渐变为部分滑移状态，钢丝间相对滑动减小，黏着增大。

由图 4-29 可知，随着扭转角度从 0°增加到 6°，稳定阶段钢丝间相对滑动距离平均值从 26.95μm 增加到 28.07μm，耗散能平均值从 4.61×10^{-3}J 增长到 5.06×

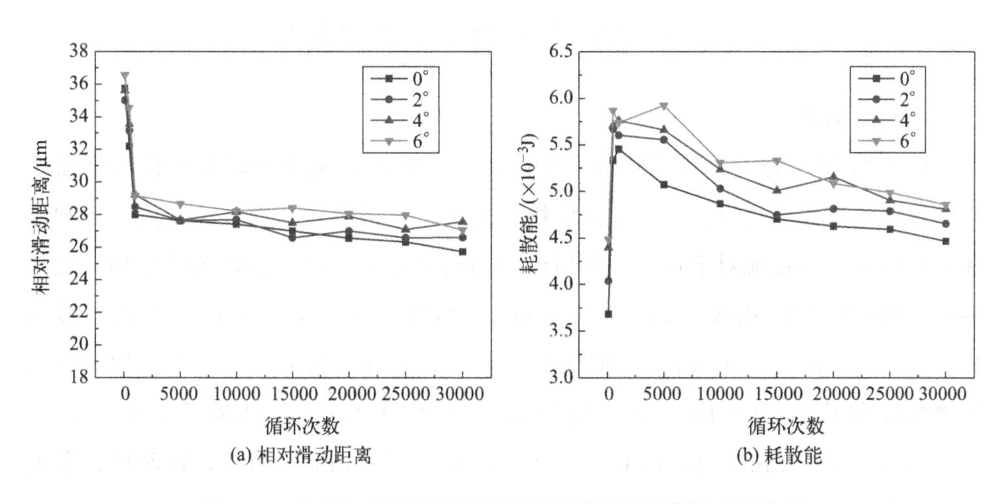

(a) 相对滑动距离　　(b) 耗散能

图 4-29　钢丝间相对滑动距离和耗散能随循环次数变化曲线

10^{-3}J。因此，扭转角度增加，钢丝间相对滑动距离轻微增长，在挤压、剪切以及扭转复合载荷作用下钢丝间产生更多的能量损失。

(3) 磨损深度

图 4-30 所示为 $F_n=100$N、$\delta=80\mu$m、$\alpha=30°$时，钢丝磨损深度随扭转角度演变规律。随着扭转角度增加，凸接触对下钢丝磨损深度从 222.03μm 增加到 236.18μm，增长幅度为 14.15μm；凹接触对下钢丝磨损深度从 178.17μm 增加到 191.26μm，增长幅度为 13.09μm。相比于接触力、微动振幅和交叉角度，扭转角度对钢丝磨损深度的影响最小。对于相同的扭转角度，凸接触对下钢丝磨损深度明显大于凹接触对下钢丝磨损深度。

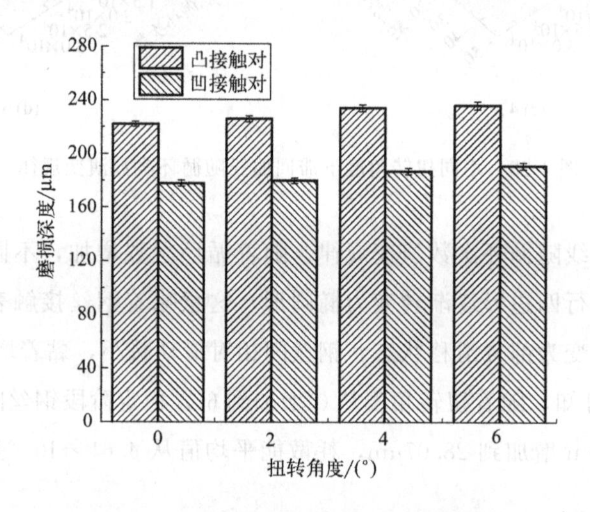

图 4-30 钢丝磨损深度随扭转角度演变规律

(4) 磨损量

图 4-31 所示为 $F_n=100$N、$\delta=80\mu$m、$\alpha=30°$时，钢丝的磨损体积和磨损系数随扭转角度演变规律。对于相同的扭转角度，凸接触对下钢丝的磨损体积和磨损系数均大于凹接触对下钢丝的磨损体积和磨损系数。随着扭转角度增加，凸接触对下钢丝磨损体积从 6.35×10^{-2}mm^3 增加到 7.01×10^{-2}mm^3，磨损系数从 1.32×10^{-7}mm^3/(N·mm) 增加到 1.46×10^{-7}mm^3/(N·mm)；凹接触对下钢丝磨损体积从 5.59×10^{-2}mm^3 增加到 6.11×10^{-2}mm^3，磨损系数从 1.16×10^{-7}mm^3/(N·mm) 增加到 1.27×10^{-7}mm^3/(N·mm)。因此，钢丝扭转角度增加，将会导致钢丝磨损程度和磨损速度轻微增加。

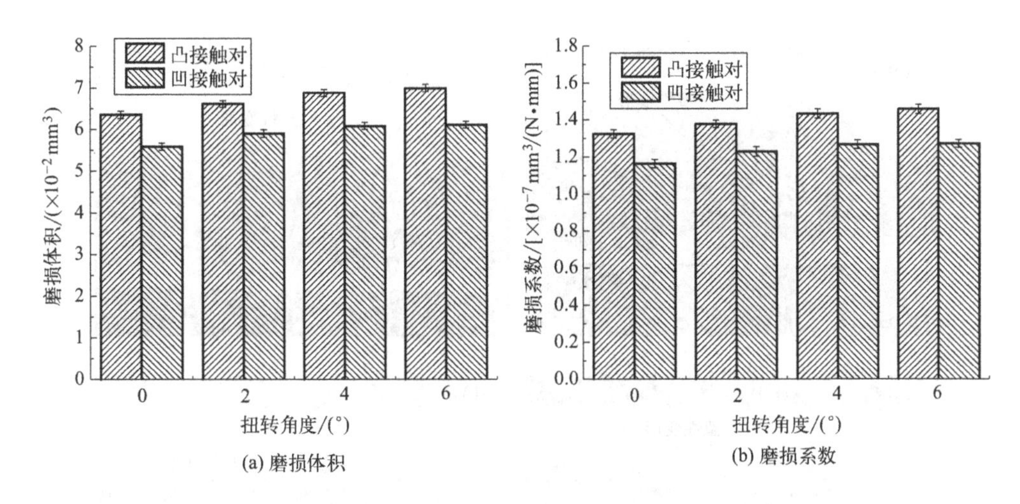

图 4-31 钢丝磨损体积和磨损系数随扭转角度演变规律

(5) 磨损机理

图 4-32 所示为 $F_n=100\text{N}$、$\delta=80\mu\text{m}$、$\alpha=30°$时，钢丝表面磨痕形貌随扭转角度演变图。其中，图 4-32 (a)～(d) 为凸接触形式下钢丝磨痕形貌，图 4-32

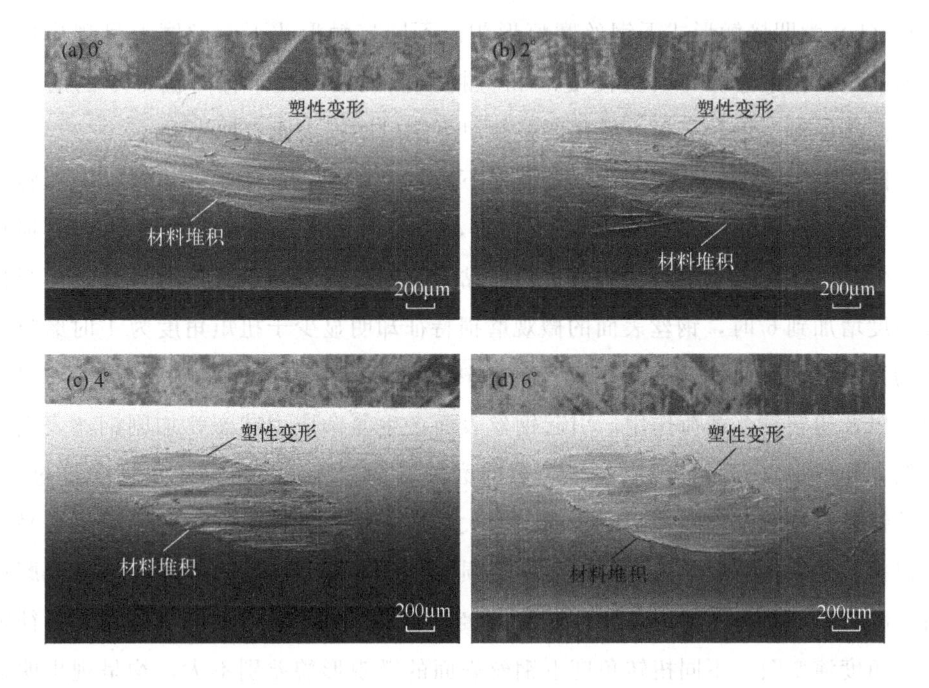

图 4-32

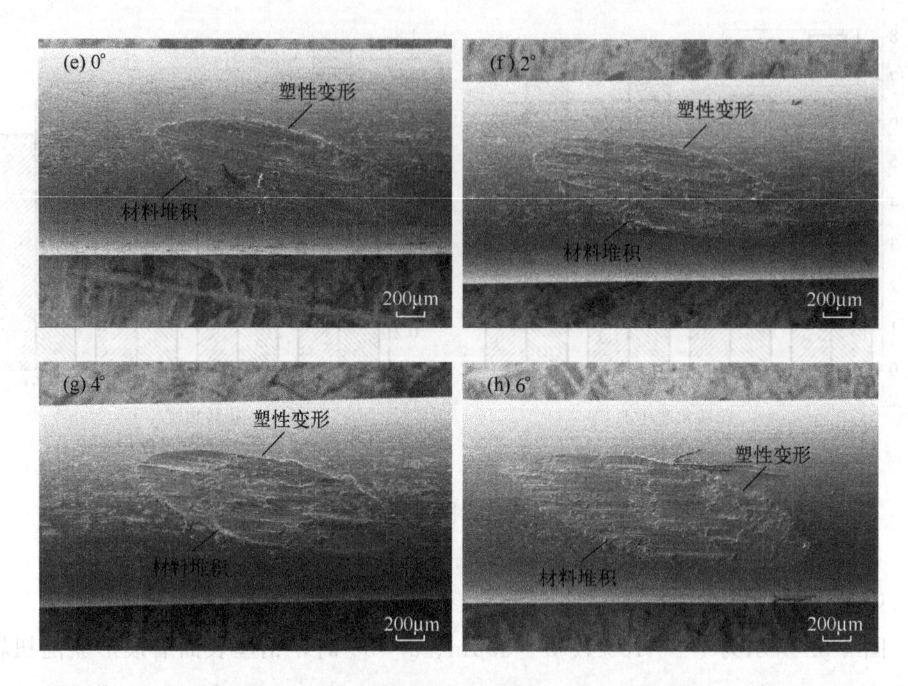

图 4-32 钢丝表面磨痕形貌随扭转角度演变图

(e)～(h) 为凹接触形式下钢丝磨痕形貌。不同接触形式下钢丝磨痕呈现出椭圆形的凹坑，磨痕边缘产生塑性变形和材料堆积现象，并伴有高低不平的磨损形貌。凸接触对下钢丝磨损表面比凹接触对下钢丝磨损表面更加光滑。

图 4-33 (a)～(d) 所示为凸接触对下钢丝磨痕表面的微观磨损特征随扭转角度演变图。随着扭转角度从 0°增加到 4°，磨痕表面出现越来越多的微观磨损特征，包括塑性变形、犁沟、磨屑、材料黏附、凹坑以及材料分层等现象。而当扭转角度增加到 6°时，钢丝表面的微观磨损特征却明显少于扭矩角度为 4°时磨痕表面的微观磨损特征。这是由于钢丝的扭转运动，钢丝表面同时受到拉伸、挤压、剪切以及扭转复合载荷作用，引起钢丝表面产生复杂应力状态，加剧钢丝表面的磨损，导致钢丝表面呈现出越来越多的磨损特征。然而，当钢丝扭转角度过大，加载钢丝与疲劳钢丝间接触面积随之增大，并且摩擦过程所产生的磨屑更容易被排出接触区域，缓解了磨屑对钢丝间磨损的影响，从而导致钢丝表面的微观磨损特征减少。图 4-33 (e)～(h) 所示为凹接触对下钢丝磨痕表面的微观磨损特征随扭转角度演变图。不同扭转角度下钢丝表面的微观形貌差别不大，均呈现出明显的犁沟、磨屑、材料黏附、材料分层等微观磨损特征，这是因为加载钢丝与疲劳

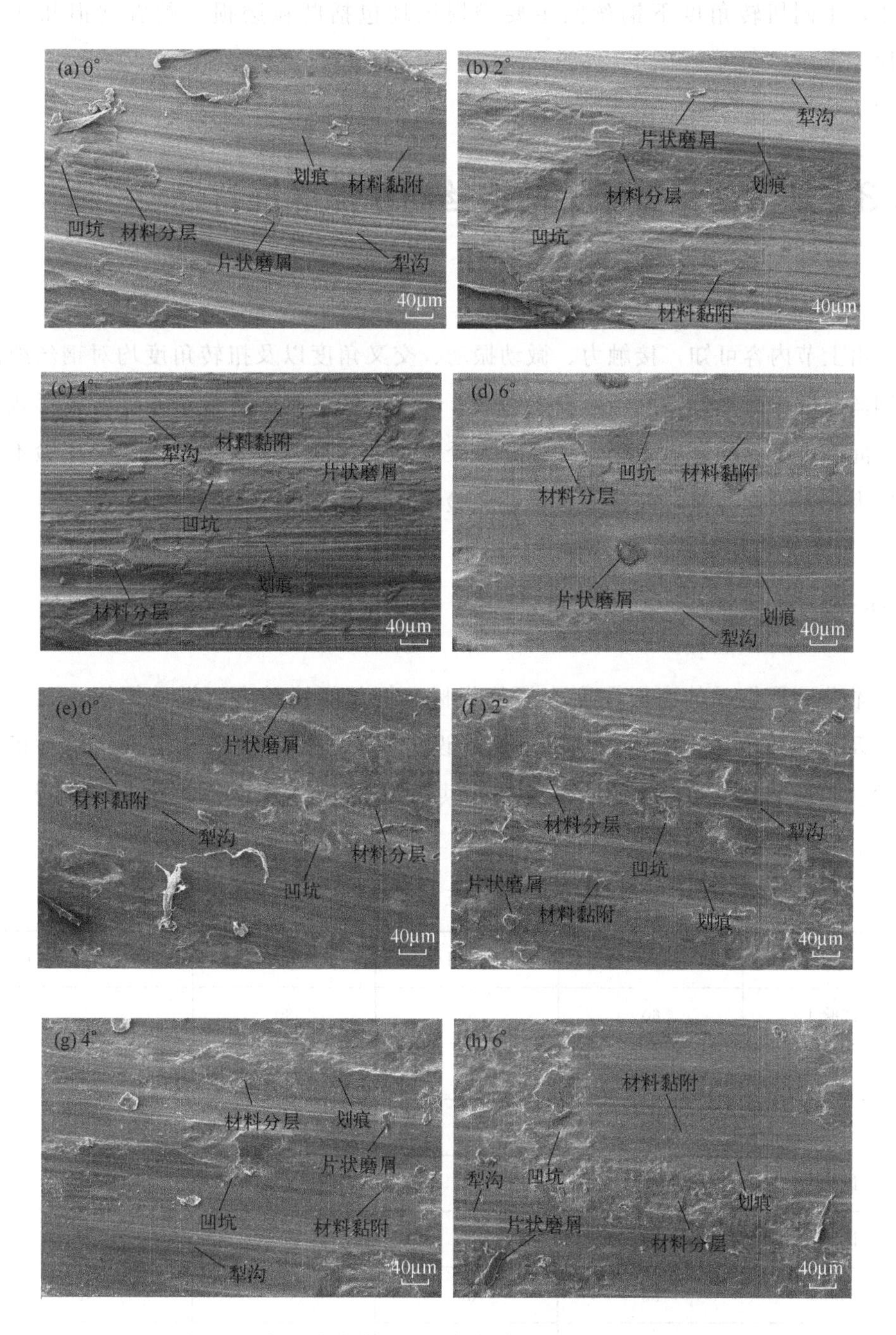

图 4-33 钢丝磨痕表面微观磨损特征随扭转角度演变图

钢丝接触形式为“内凹”，接触区域的磨屑不易于被排出，在挤压、剪切以及扭转力的作用下磨屑对钢丝表面磨损机理的影响程度大于扭转角度的影响。综上所述，不同扭转角度下钢丝间主要磨损机理包括磨粒磨损、黏着磨损和疲劳磨损。

4.3 基于正交试验法的钢丝间摩擦磨损特性

由上节内容可知，接触力、微动振动、交叉角度以及扭转角度均对钢丝绳内部钢丝间摩擦磨损特性产生重要的影响。为了探究各接触参数对不同接触形式下钢丝间磨损行为的影响程度，如果开展全面试验，试验量过多，而正交试验不光可以大量减少试验量，而且能够保证试验结果的科学和可靠。

4.3.1 正交试验方案设计

本节选取钢丝的磨损深度为评价指标，钢丝间接触力、微动振幅、交叉角度以及扭转角度为影响因素，每个因素设定 3 个水平，组成 4 因素 3 水平正交试验。因此，选用 L_9（3^4）正交表，共需要做 9 组试验，详细参数如表 4-1 所示。

表 4-1 正交试验表

因素	接触力/N	微动振幅/μm	交叉角度/(°)	扭转角度/(°)
试验 1	60	40	30	2
试验 2	60	60	40	4
试验 3	60	80	50	6
试验 4	80	40	40	6
试验 5	80	60	50	2
试验 6	80	80	30	4
试验 7	100	40	50	4
试验 8	100	60	30	6
试验 9	100	80	40	2

4.3.2 正交试验结果分析

试验结束后，获得不同接触形式下钢丝的磨损深度分别如表 4-2 和表 4-3 所示。

表 4-2 凸接触对下钢丝磨损深度

试验号	1	2	3	4	5	6	7	8	9
结果/μm	128.35	162.01	180.28	165.42	188.32	210.55	203.24	212.06	243.14

表 4-3 凹接触对下钢丝磨损深度

试验号	1	2	3	4	5	6	7	8	9
结果/μm	117.27	136.84	162.62	146.55	166.47	176.43	183.45	186.02	196.36

为了探究各接触参数对钢丝磨损深度的影响程度，分别对不同接触形式下试验数据进行直观分析。直观分析是计算各因素下各水平的平均响应值 K_i，并根据平均响应值计算该因素下各水平对试验指标的效应极差 R，然后根据极差大小判断主次因素顺序。直观分析法是对比试验结果所采用的最直观和最常用的一种方法。不同接触形式下直观分析结果分别如表 4-4 和表 4-5 所示。

表 4-4 凸接触对下直观分析表

因素	接触力/N	微动振幅/μm	交叉角度/(°)	扭转角度/(°)	磨损深度/μm
试验 1	60	40	30	2	128.35
试验 2	60	60	40	4	162.01
试验 3	60	80	50	6	200.28
试验 4	80	40	40	6	165.42
试验 5	80	60	50	2	188.32
试验 6	80	80	30	4	206.55
试验 7	100	40	50	4	209.24
试验 8	100	60	30	6	212.06
试验 9	100	80	40	2	243.14
K_1	163.55	167.67	182.32	186.60	—

续表

因素	接触力/N	微动振幅/μm	交叉角度/(°)	扭转角度/(°)	磨损深度/μm
K_2	186.76	187.46	190.19	192.60	—
K_3	221.48	216.66	199.28	192.59	—
R	57.93	48.99	16.96	6.00	—

表 4-5 凹接触对下直观分析表

因素	接触力/N	微动振幅/μm	交叉角度/(°)	扭转角度/(°)	磨损深度/μm
试验 1	60	40	30	2	117.27
试验 2	60	60	40	4	136.84
试验 3	60	80	50	6	162.62
试验 4	80	40	40	6	146.55
试验 5	80	60	50	2	166.47
试验 6	80	80	30	4	176.43
试验 7	100	40	50	4	183.45
试验 8	100	60	30	6	186.02
试验 9	100	80	40	2	196.36
K_1	138.91	149.09	159.91	160.03	—
K_2	163.15	163.11	159.92	165.57	—
K_3	188.61	178.47	170.85	165.06	—
R	49.7	29.38	10.94	5.54	—

通过上述直观分析表可知，不同接触参数对钢丝磨损深度的影响大小排序如下：接触力＞微动振幅＞交叉角度＞扭转角度。并且接触力为 100N、微动振幅为 100μm、交叉角度为 50°、扭转角度为 4°时对钢丝的磨损深度影响最大，这和 4.2 节中钢丝磨损深度分别随接触力、微动振幅和交叉角度增加而增加的规律相对应。然而，在直观分析表中扭转角度为 4°的响应值大于其他水平的响应值，这是因为扭转角度对钢丝磨损深度的影响最小，不同扭转角度下钢丝磨损深度的差异不明显。综上所述，接触力对钢丝磨损深度影响最显著，扭转角度的影响最小。

4.4 不同绳股结构下钢丝间摩擦磨损特性

对于相同的钢丝绳型号，由于其内部绳股由不同排列结构的钢丝捻制而成，因而有不同的组织结构（填充式、西鲁式、瓦林吞式等），如图 4-34 所示。不同组织结构的绳股内部钢丝间的接触存在相同钢丝直径接触和不同钢丝直径接触两种情况，为了探究绳股结构对钢丝间摩擦磨损特性的影响，将加载钢丝直径替换为 1.2mm，疲劳钢丝直径仍为 1.4mm，从而开展不同直径接触对下钢丝间摩擦磨损试验。此外，通过正交试验结果获知接触力对钢丝磨损行为影响最大，故本节同时探究了不同绳股结构下钢丝间摩擦磨损特性随接触力演变规律。

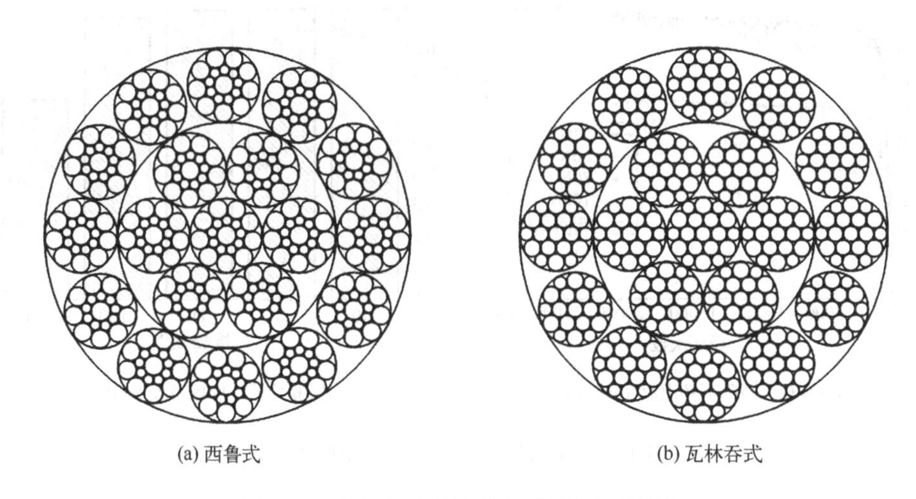

图 4-34 18×19+IWS 多层股阻旋转钢丝绳

4.4.1 摩擦系数演变规律

图 4-35 所示为 $\delta=80\mu m$、$\alpha=30°$、$\theta=6°$时，钢丝间摩擦系数随接触力演变规律。为了对比相同直径接触对与不同直径接触对下钢丝间摩擦行为的差异，添加了接触力为 100N 时相同直径接触对下钢丝间摩擦系数变化曲线和稳定阶段摩擦系数平均值。

相比于相同直径接触对，不同直径接触对下钢丝间摩擦系数变化曲线在过渡阶段并不明显，并且钢丝间摩擦系数更大。在稳定阶段，相同直径接触对下钢丝间摩擦系数呈现出水平变化趋势，而不同直径接触对下钢丝间摩擦系数呈现出轻微上升的变化趋势。这是因为对于不同直径接触对，细钢丝与粗钢丝之间摩擦类似于“切割”现象，在拉伸-扭转复合力作用下钢丝接触表面产生挤压和剪切力，相比于相同直径钢丝间接触，不同直径钢丝间接触面积更小，接触应力更大，钢丝间摩擦更剧烈，因此钢丝间摩擦系数更大。由图 4-35（b）可知，随着接触力从 40N 增加到 100N，稳定阶段钢丝间摩擦系数平均值从 0.941 减小到 0.911。不同直径接触对下钢丝间摩擦系数几乎为相同直径接触对下钢丝间摩擦系数的 1.4 倍，这意味着钢丝绳内部不同直径钢丝间接触将会加剧钢丝间摩擦行为。

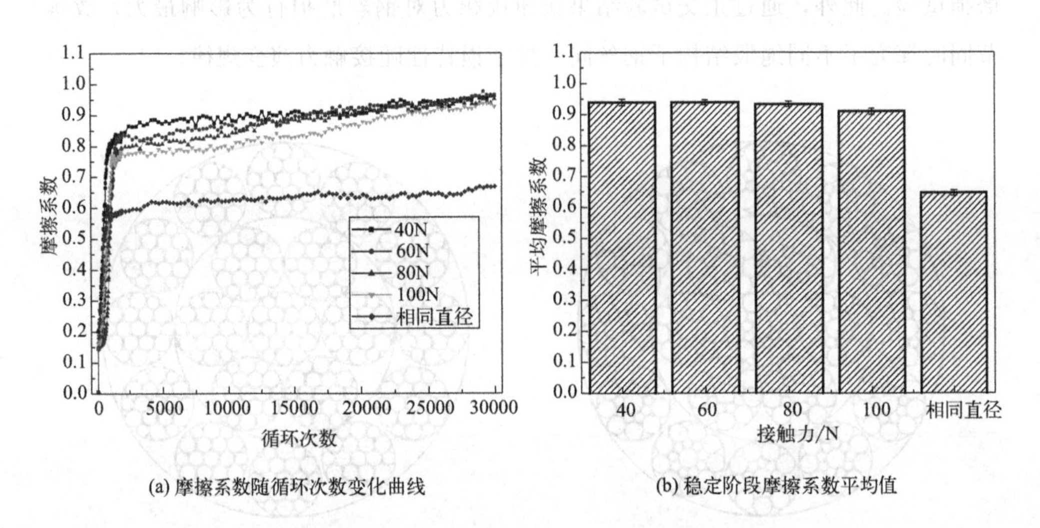

(a) 摩擦系数随循环次数变化曲线　　(b) 稳定阶段摩擦系数平均值

图 4-35　不同接触力下钢丝间摩擦系数

4.4.2　滞回曲线演变规律

图 4-36 所示为 $\delta=80\mu m$、$\alpha=30°$、$\theta=6°$时，不同接触力下摩擦力-滑动幅值的滞回曲线随循环次数演变规律。随着循环次数增加，不同接触力下滞回曲线的形状由平行四边形逐渐转变为椭圆形，这意味着随着时间增加，钢丝间相对滑动减小，黏着增大，钢丝接触表面由完全滑移状态逐渐转变为部分滑移状态。此外，随着接触力增加，滞回曲线的摩擦力最大值也逐渐增加。

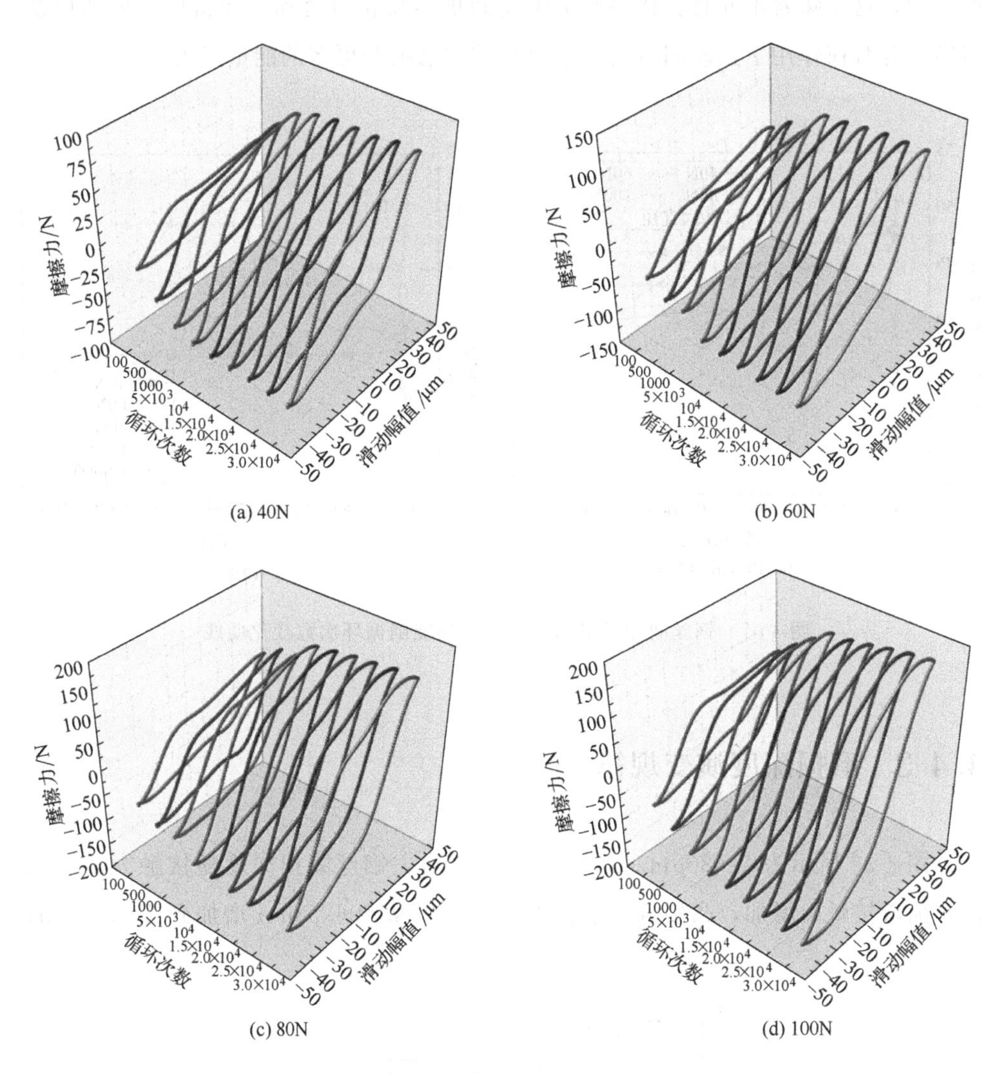

图 4-36 不同接触力下滞回曲线随循环次数演变规律

图 4-37 所示为钢丝间相对滑动距离和耗散能随循环次数变化曲线。由图 4-37 可知，随着接触力从 40N 增加到 100N，稳定阶段钢丝间相对滑动距离平均值从 46.46μm 减小到 34.52μm，耗散能平均值从 4.91×10^{-3}J 增长到 1.12×10^{-2}J。虽然随着接触力增加，钢丝间相对滑动距离逐渐减小，但是钢丝间摩擦力却增长明显，所以钢丝间耗散能呈现出增长趋势。上述现象意味着不同直径接触对下摩擦力对钢丝间耗散能的影响大于相对滑动距离的影响。此外，不同直径接触对下钢丝间相对滑动距离和耗散能明显大于相同直径接触对下钢丝间相对滑动距离和

耗散能，这意味着不同直径接触对下钢丝间更容易相对滑动，在挤压、剪切以及扭转复合载荷作用下钢丝间将会产生更严重的磨损和更多的能量损失。

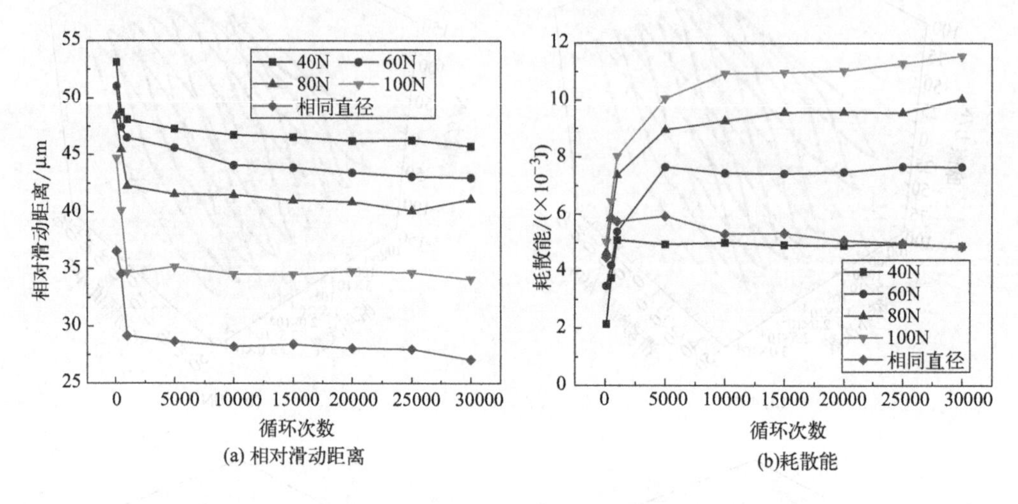

图 4-37 钢丝间相对滑动距离和耗散能随循环次数变化曲线

4.4.3 磨损深度演变规律

图 4-38 所示为$\delta=80\mu m$、$\alpha=30°$、$\theta=6°$时，钢丝磨损深度随接触力演变规律。随着接触力增加，凸接触对下钢丝磨损深度从 206.53μm 增加到 261.42μm；

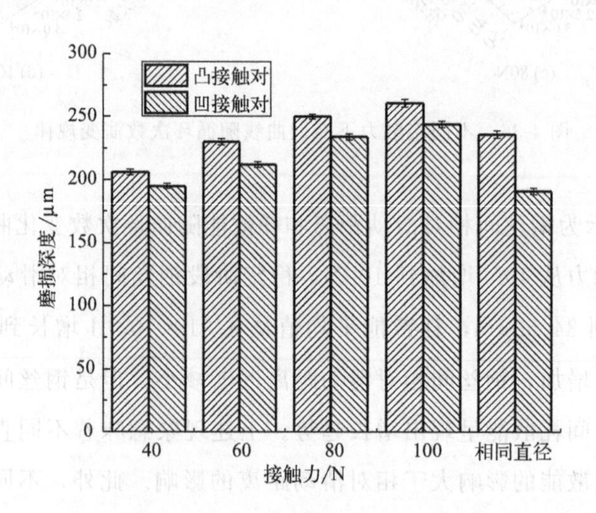

图 4-38 钢丝磨损深度随接触力演变规律

凹接触对下钢丝磨损深度从 195.34μm 增加到 244.02μm。对于相同的接触力，凸接触对下钢丝磨损深度大于凹接触对下钢丝磨损深度，这是由不同接触形式下钢丝间接触应力不同造成的。相比于相同直径接触对，不同直径接触对下钢丝的磨损深度更深，这是因为不同直径接触对下钢丝间摩擦类似于“切割”现象，钢丝间接触应力更大，加剧了钢丝的磨损。

4.4.4 磨损量演变规律

图 4-39 所示为 $\delta=80\mu m$、$\alpha=30°$、$\theta=6°$时，钢丝的磨损体积和磨损系数随接触力演变规律。随着接触力增加，凸接触对下钢丝磨损体积从 $8.34\times10^{-2}mm^3$ 增加到 $0.12mm^3$，磨损系数从 $4.34\times10^{-7}mm^3/(N\cdot mm)$ 减小到 $2.50\times10^{-7}mm^3/(N\cdot mm)$；凹接触对下钢丝磨损体积从 $7.06\times10^{-2}mm^3$ 增加到 $8.92\times10^{-2}mm^3$，磨损系数从 $3.68\times10^{-7}mm^3/(N\cdot mm)$ 减小到 $1.86\times10^{-7}mm^3/(N\cdot mm)$。即钢丝磨损体积随着接触力增加而增大，磨损系数却随着接触力增加而减小，这和 4.2.1 节中相同直径接触对下钢丝的磨损体积和磨损系数随接触力变化规律一致。这是因为接触力增加，钢丝表面的接触应力增大，将会造成更加严重的磨损，并且钢丝磨损体积的增长速度小于接触力的增加速度。相比于相同直径接触对，不同直径接触对下钢丝的磨损体积和磨损系数更大，这意味着钢丝绳内部不同直径钢丝间接触，将会产生更加严重的材料损伤，导致钢丝绳的使用寿命降低。

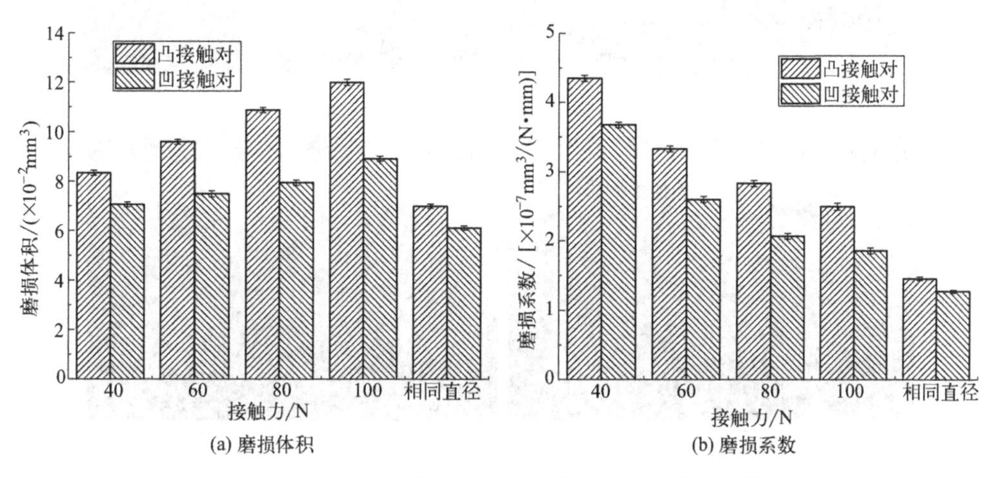

图 4-39 钢丝磨损体积和磨损系数随接触力演变规律

4.4.5 钢丝磨损机理

图 4-40 所示为$\delta=80\mu m$、$\alpha=30°$、$\theta=6°$时，钢丝表面磨痕形貌随接触力演变图。其中，图 4-40（a）～（d）为凸接触形式下钢丝磨痕形貌，图 4-40（e）～（h）为凹接触形式下钢丝磨痕形貌。不同直径接触对下钢丝磨痕呈现出椭圆形的凹坑，磨痕边缘出现塑性变形和材料堆积现象，并伴有高低不平的磨损形貌。此外，凹接触对下钢丝磨痕表面比凸接触对下钢丝磨痕表面更加粗糙。

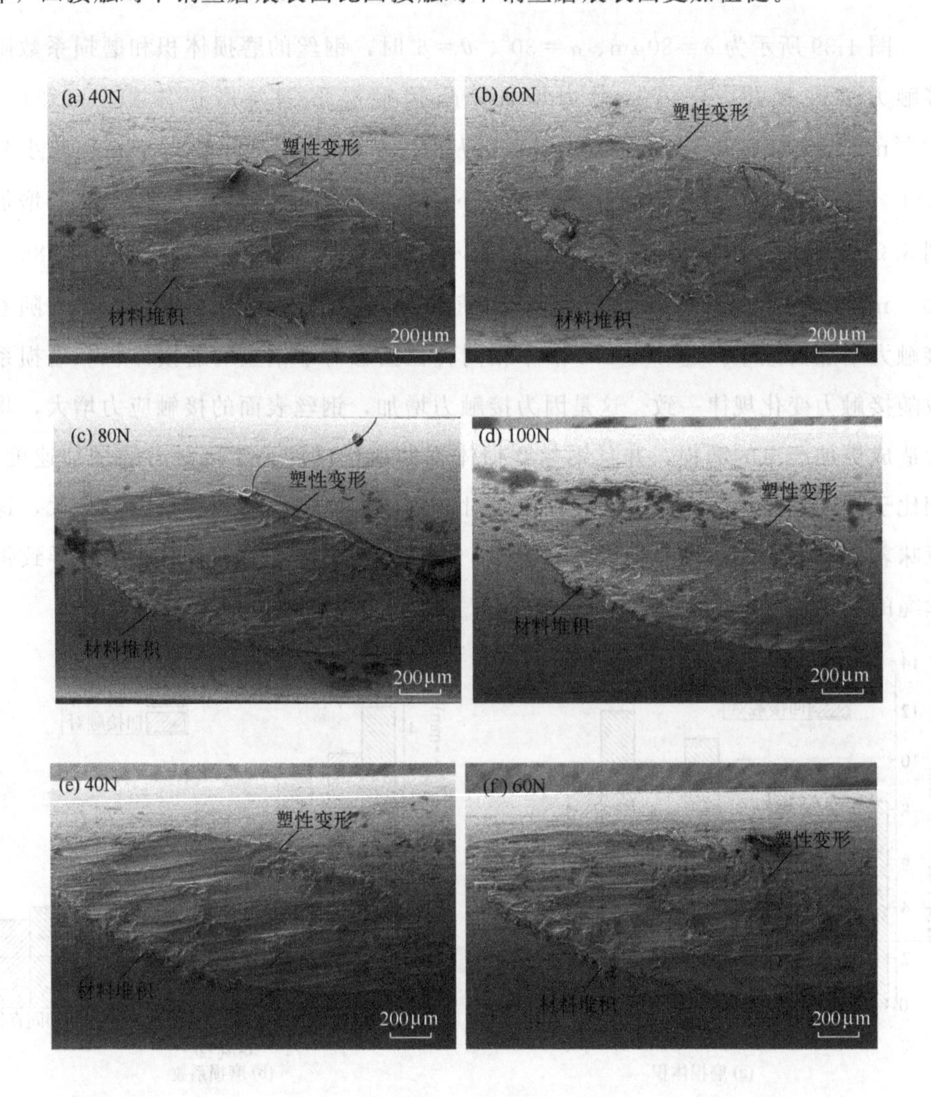

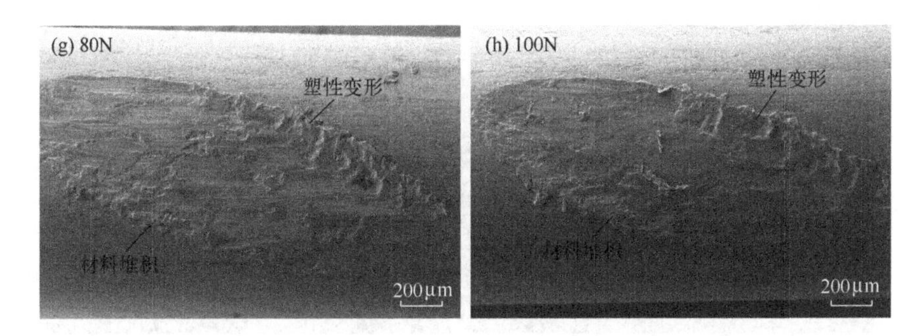

图 4-40 钢丝表面磨痕形貌随接触力演变图

图 4-41 (a)～(d) 所示为凸接触对下钢丝磨痕表面的微观磨损特征。不同接

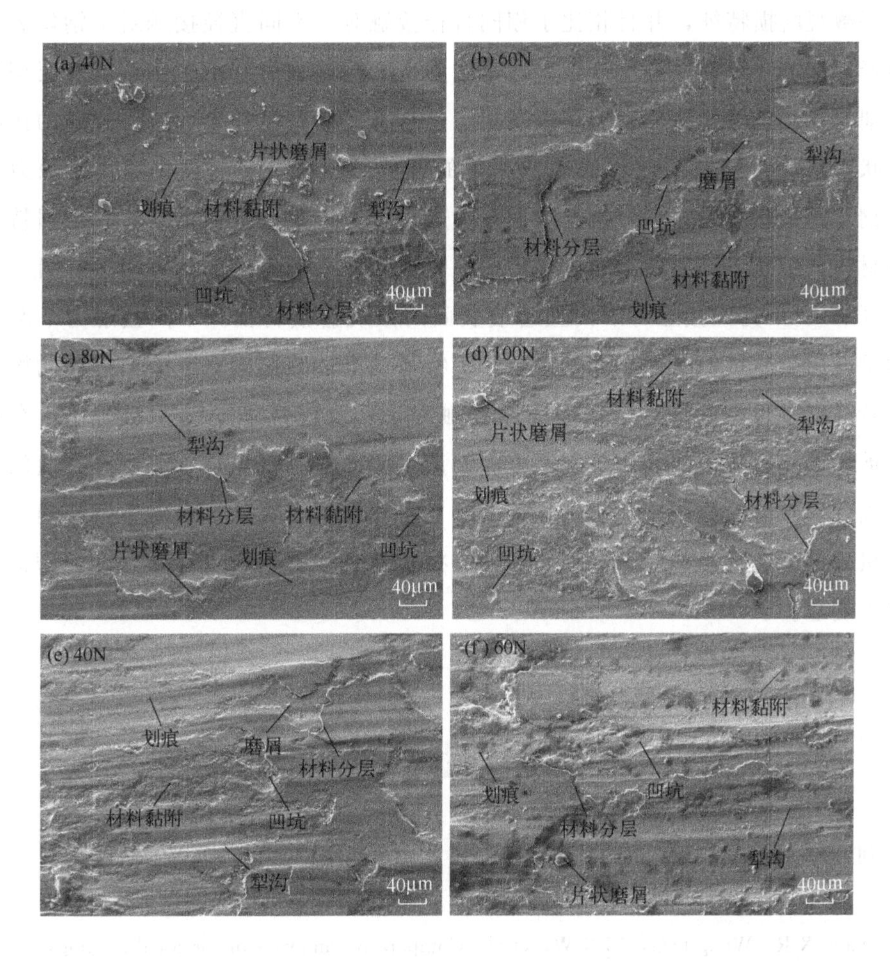

图 4-41

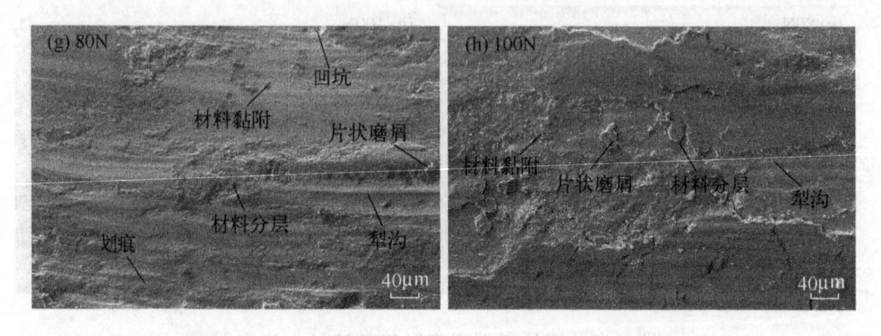

图 4-41 钢丝磨痕微观磨损特征随接触力演变图

触力下磨痕表面呈现出大量的磨屑、塑性变形、材料分层、凹坑、材料黏附以及犁沟等微观磨损特征，并且相比于相同直径接触对，不同直径接触对下钢丝表面分布着更加严重的材料分层现象。这是因为在摩擦过程中，由于细钢丝对粗钢丝的切削效果和拉伸、挤压、剪切以及扭转复合力作用，钢丝表面产生复杂的接触应力状态，从而导致磨痕表面出现严重的疲劳磨损特征。此外，随着接触力增加，钢丝间接触应力增大，钢丝表面疲劳磨损越严重，导致大量的磨粒磨损特征随着材料从钢丝表面脱落，所以磨粒磨损特征随着接触力增加越不明显。图 4-41(e)～(h) 所示为凹接触对下钢丝磨痕表面的微观磨损特征。不同接触力下磨痕表面呈现出与凸接触对下相同的微观磨损特征，不过凹接触对下磨痕表面的微观磨损特征更多且更严重。这是因为凹接触对下钢丝间磨屑不易于被排出，在挤压、剪切以及扭转力的作用下对磨痕表面产生应力集中现象，加剧钢丝表面的疲劳磨损，导致材料分层现象更加显著。综上所述，不同直径接触对下钢丝间主要磨损机理为磨粒磨损、疲劳磨损和黏着磨损，并且随着接触力增加，磨粒磨损特征越不明显。

参考文献

[1] 何舍利. 提升机钢丝绳的防腐与润滑 [J]. 矿山机械，1989，10：4-8.

[2] 王以元. 提升钢丝绳的失效与寿命预测 [J]. 矿山机械，1991，10：13-15.

[3] Wang X R，Wang D G，Li X W，et al. Comparative analyses of torsional fretting，longitudinal fretting and combined longitudinal and torsional fretting behaviors of steel wires

[J]. Engineering Failure Analysis，2018，85：116-125.

[4] Cruzado A，Hartelt M，Wäsche R，et al. Fretting wear of thin steel wires. Part 1：Influence of contact pressure [J]. Wear，2010，268 (11)：1409-1416.

[5] Cruzado A，Hartelt M，Wäsche R，et al. Fretting wear of thin steel wires. Part 2：Influence of crossing angle [J]. Wear，2011，273 (1)：60-69.

[6] Challen J M，Oxley P L B，Hockenhull B S. Prediction of Archard's wear coefficient for metallic sliding friction assuming a low cycle fatigue wear mechanism [J]. Wear，1986，111 (3)：275-288.

第5章

复杂环境下钢丝绳内部摩擦磨损特性研究

5.1 钢丝绳服役环境概述

在实际的工程应用中，钢丝绳长期处于腐蚀、淋水、粉尘等恶劣环境中。如图 5-1 所示，润滑脂被广泛应用于钢丝绳的润滑与密封，其良好的密封性可以有效降低钢丝绳的腐蚀和减缓钢丝绳及内部钢丝的磨损[1]。为了探究脂润滑下钢丝绳内部钢丝间摩擦学特性，试验选用矿井提升常用润滑脂（IRIS-200BB），该润滑脂购买于爱丽丝科技（扬州）有限公司，它具有优良的附着力、润滑性、防锈性和高滴点等特点，其详细性能参数如表 5-1 所示。

图 5-1　钢丝绳润滑表面

表 5-1　润滑脂的性能参数

外观	滴点/℃	闪点/℃	运动黏度(100℃)/(mm^2/s)	黏附率/%	脆性点($75g/m^2$)/℃	施油温度/℃
褐色油膏	80	≥220	≥90	≥0.95	−35	110～130

在矿井提升作业中，井筒内弥漫着大量细小的固体颗粒（煤粉、岩石粉末、矿石颗粒等），这些固体颗粒极易黏附于钢丝绳表面，并在提升过程中流入或被挤压进钢丝绳内部，影响润滑脂的润滑效果甚至使其失去润滑能力，加剧钢丝间微动磨损。因此，探究不同矿物颗粒对钢丝绳内部钢丝间摩擦磨损特性的影响，对了解粉尘环境下钢丝绳内部钢丝间摩擦特性和磨损机理具有重要

意义。

为了模拟混入不同矿物颗粒的复合润滑脂润滑下钢丝间摩擦磨损行为，将不同体积的矿物颗粒均匀添加进润滑脂中。复合润滑脂的制备方法如下：首先，将润滑脂（IRIS-200BB）加热至融化，将不同体积的煤粉颗粒和矿石颗粒分别添加到100mL润滑脂中，通过电动搅拌器搅拌20min后冷却至室温。最后，采用涂抹方式将钢丝接触区域进行充分润滑。由于煤粉颗粒和矿石颗粒的密度差距较大，因此本节中矿物颗粒在润滑脂中的浓度为体积比值。如图5-2所示，试验中的煤粉颗粒和矿石颗粒分别为无烟煤和铁矿石，其性能参数分别如表5-2和表5-3所示。此外，井筒内腐蚀性气体会溶解在钢丝绳表面的冷凝水中形成腐蚀性溶液，为此，本节根据我国典型矿井环境的酸碱度统计[2]，利用去离子水对稀硫酸进行稀释，从而获得pH值为3.5的酸溶液，并采用去离子水对钢丝接触区域进行润滑以模拟淋水环境。

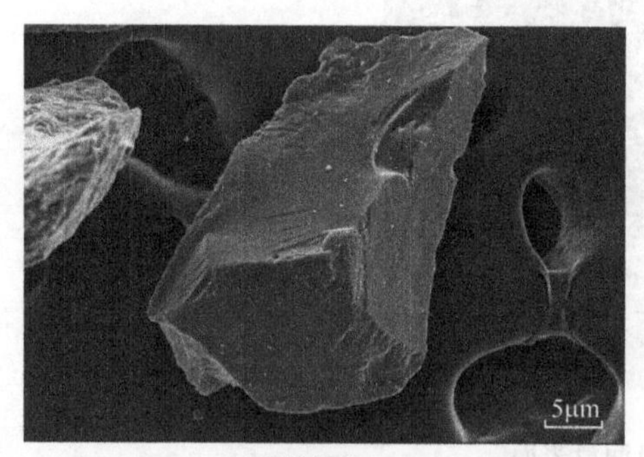

(a) 煤粉颗粒

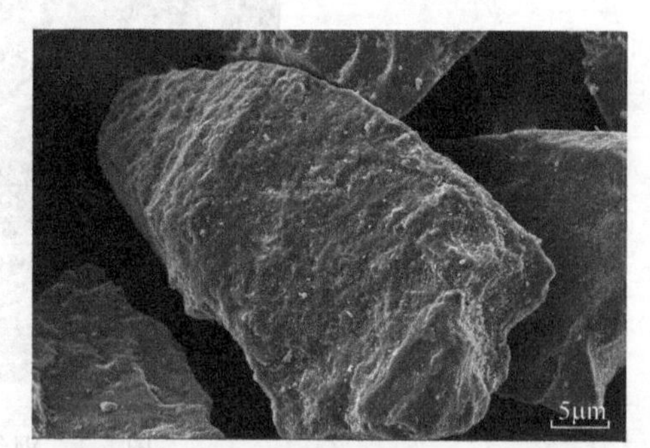

(b) 矿石颗粒

图5-2 矿物颗粒微观图

表5-2 煤粉颗粒的性能

弹性模量/GPa	抗压强度/MPa	莫氏硬度	密度/(kg/m³)	颗粒尺寸/mm
3.40	18.69	3.5～4.0	1510	0.035

表5-3 矿石颗粒的性能

弹性模量/GPa	抗压强度/MPa	莫氏硬度	密度/(kg/m³)	颗粒尺寸/mm
6.64	99.43	5.5～6.0	3883	0.035

5.2 不同环境下钢丝摩擦系数演变规律

5.2.1 脂润滑条件

图 5-3 所示为脂润滑下钢丝间摩擦系数随接触力演变规律。不同接触力下钢丝间摩擦系数变化曲线分为快速增长阶段和稳定阶段。这是因为在摩擦初期，由于钢丝表面为光滑的圆弧表面，施加接触力后，钢丝接触区域油膜厚度减小，随着摩擦进行，钢丝表面迅速磨损，钢丝内部材料直接接触，由于磨损表面相比于未磨损表面较为粗糙，因此摩擦力迅速上升。随着循环次数和磨损面积的增加，润滑脂逐渐进入接触区域，在接触区域形成一层润滑保护膜阻止钢丝表面直接接触，缓解钢丝间剧烈摩擦，从而使钢丝间摩擦力增长速度降低并保持相对稳定。在稳定阶段，不同接触力下钢丝间摩擦系数变化幅度较小，这是因为润滑脂具有优异的减摩抗磨性能，可以有效改善钢丝间摩擦磨损。由图 5-3（b）可知，随着接触力增加，钢丝间摩擦系数平均值从 0.185 减小到 0.143，并且摩擦系数减小幅度逐渐降低。相比于干摩擦，脂润滑下钢丝间摩擦系数明显减小，这主要归功

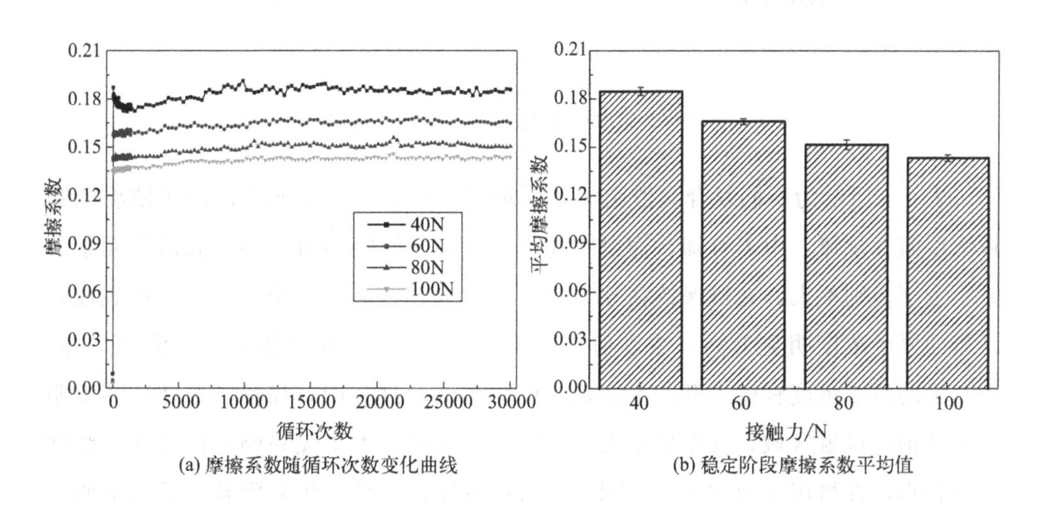

图 5-3 脂润滑下钢丝间摩擦系数

于润滑脂优异的减摩性能。

5.2.2　不同矿物颗粒对比

图5-4所示为脂润滑下钢丝磨损表面的EDS能谱图。相比于凸接触对，凹接触对下磨痕表面铁元素的原子浓度较小，而碳元素、氧元素以及锌元素的原子浓度较高，这是由于凹接触对下润滑脂更容易积聚于摩擦副表面，并且钢丝磨痕表面的粗糙程度明显大于凸接触对下钢丝磨痕表面，润滑脂易于滞留在磨损表面，从而导致除铁元素外的其他元素的原子浓度升高。

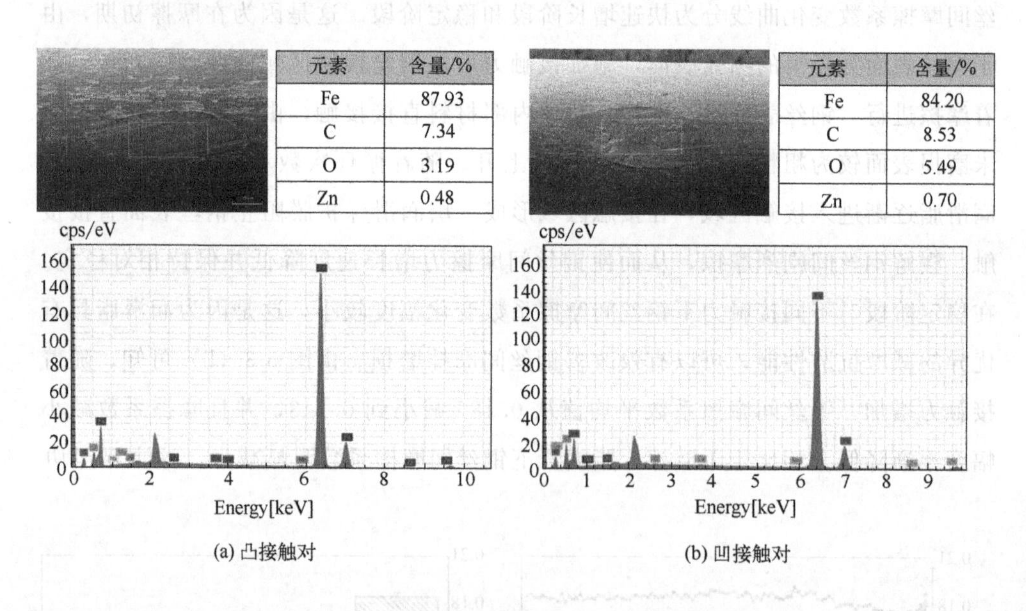

(a) 凸接触对　　(b) 凹接触对

图5-4　脂润滑下钢丝表面EDS能谱图

表5-4所示为不同复合润滑脂润滑下钢丝磨痕表面主要元素的原子浓度随颗粒浓度演变规律。由表可知，润滑脂和矿石复合润滑脂润滑下磨痕表面碳元素的原子浓度差别不大，大概保持在5%～9%，而煤粉复合润滑脂润滑下磨痕表面碳元素的原子浓度明显升高，浓度值增加至9%～19%，并且随着煤粉浓度增加，碳元素的原子浓度轻微上升。上述现象说明在试验过程中，煤粉颗粒随着润滑脂流入到钢丝接触区域，在摩擦副表面产生微观运动。由于煤粉颗粒的硬度和弹性模量较小，在挤压和剪切力的作用下容易被碾碎，一部分煤粉颗粒随着润滑脂流出接触区域，而另一部分细小的煤粉颗粒沉积到磨痕表面的凹坑中，并在挤压和

剪切力的作用下黏附于磨痕表面，导致磨痕表面碳元素的原子浓度升高。此外，相比于凸接触对，凹接触对下磨痕表面碳元素的原子浓度轻微增加，这是由于钢丝间为凹接触形式更有利于存储煤粉颗粒和润滑脂。

对于磨痕表面铁元素的原子浓度，相比于润滑脂，煤粉复合润滑脂润滑下磨痕表面铁元素的原子浓度明显降低，而矿石复合润滑脂润滑下磨痕表面铁元素的原子浓度呈现出轻微增加趋势。这是因为一些细小的煤粉颗粒沉积到钢丝磨痕表面，覆盖了部分钢丝表面，导致磨痕表面铁元素的原子浓度降低。对于矿石复合润滑脂，由于矿石颗粒的硬度和弹性模量较大，在试验过程中不易被压碎，因此不容易形成微小颗粒而沉积到磨痕表面。此外，通过接下来矿石复合润滑脂润滑下钢丝间摩擦系数和钢丝磨损形貌的研究可知，钢丝间摩擦系数随着试验时间增加而减小，磨痕表面呈现出严重的磨损特征，说明矿石颗粒在摩擦副表面产生了微观运动，导致钢丝表面发生严重磨损，使得部分内部材料暴露，从而造成铁元素的原子浓度轻微增加。

表 5-4　不同润滑工况下磨痕表面主要元素分布

主要元素	ϕ(Fe)/%		ϕ(C)/%		ϕ(O)/%		ϕ(Zn)/%	
接触形式	凸	凹	凸	凹	凸	凹	凸	凹
润滑脂	87.93	84.20	7.34	8.53	3.19	5.49	0.48	0.70
1.2%CP	85.84	78.87	9.54	12.84	3.02	6.42	0.42	0.68
2.4%CP	81.78	76.53	13.85	14.46	2.84	6.68	0.43	0.67
3.6%CP	80.24	77.08	14.44	15.32	3.79	5.74	0.37	0.52
4.8%CP	78.46	76.27	17.36	18.36	2.64	3.62	0.38	0.64
1.2%OP	89.27	87.34	6.47	6.47	2.86	4.47	0.24	0.63
2.4%OP	89.86	88.58	6.19	5.73	2.47	3.58	0.36	0.65
3.6%OP	89.74	87.76	6.26	5.36	2.58	4.47	0.24	0.68
4.8%OP	90.44	88.95	6.05	5.18	2.07	4.05	0.27	0.53

图 5-5 所示为煤粉复合润滑脂润滑下钢丝间摩擦系数随接触力演变规律。在稳定阶段，脂润滑下钢丝间摩擦系数呈现出轻微上升趋势，而煤粉复合润滑脂润滑下钢丝间摩擦系数变化曲线几乎保持为水平。这说明煤粉颗粒进入了钢丝接触区域，对钢丝间摩擦磨损产生了明显的影响。由图 5-5（b）可知，随着煤粉颗粒

浓度增加，钢丝间摩擦系数由 0.143 减小到 0.132。这是因为在摩擦过程中，润滑脂进入钢丝接触区域，在钢丝表面形成润滑保护膜，降低了钢丝间摩擦力。但是随着循环次数不断增加，摩擦副表面温度的不断升高、接触表面微凸峰的相互摩擦以及磨屑的产生均对润滑脂的减摩性能产生了不利影响，因此在稳定阶段，脂润滑下钢丝间摩擦系数呈现出轻微上升趋势。对于煤粉复合润滑脂，钢丝间摩擦力主要由煤粉颗粒、润滑脂及钢丝表面的微凸峰之间的摩擦力组成。通过钢丝磨痕表面元素分布可知，相比于润滑脂，煤粉复合润滑脂润滑下钢丝磨痕表面碳元素的原子浓度明显增加，这意味着由于煤粉颗粒硬度较小，在摩擦和挤压过程中极易被压碎成更小的颗粒，这些微小颗粒分布于磨痕表面凹坑中，对磨损表面起到一定的修复作用。而且，煤粉颗粒的剪切阻力较小，在外力作用下，颗粒间产生相对滑移，把钢丝表面间摩擦转变为煤粉复合润滑脂间摩擦。因此，煤粉复合润滑脂润滑下钢丝间摩擦系数在稳定阶段变化较为平稳，并且摩擦系数随着煤粉颗粒浓度增加而降低。

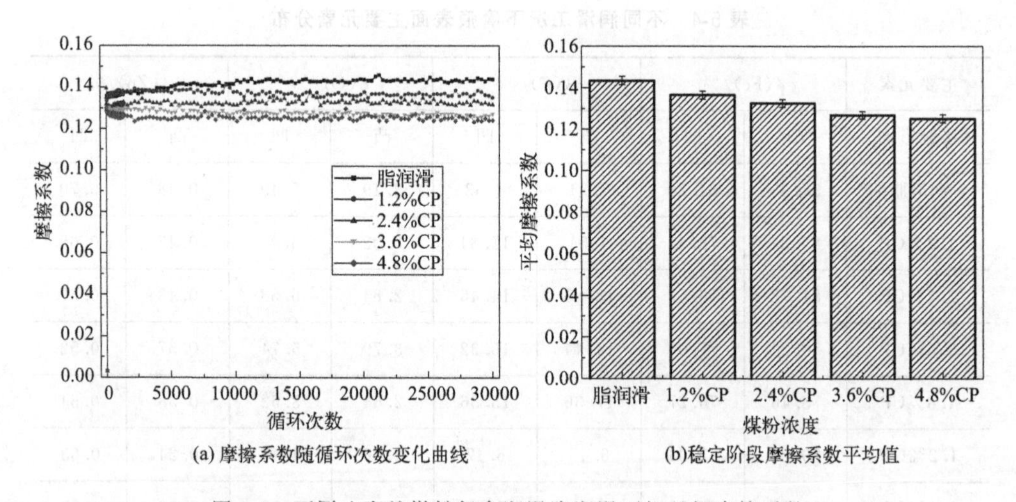

图 5-5 不同浓度的煤粉复合润滑脂润滑下钢丝间摩擦系数

图 5-6 所示为矿石复合润滑脂润滑下钢丝间摩擦系数随接触力演变规律。相比于脂润滑下钢丝间摩擦系数变化曲线，矿石复合润滑脂润滑下钢丝间摩擦系数变化曲线在稳定阶段呈现出下降趋势。随着矿石浓度增加，稳定阶段钢丝间摩擦系数从 0.143 逐渐减小到 0.124。这是因为矿石颗粒的硬度和弹性模量较大，在摩擦过程中不易被压碎成更小颗粒。当矿石颗粒尺寸大于油膜厚度时，矿石颗粒将与钢丝表面直接接触，并产生弹性和塑性变形，分担部分接触力。矿石颗粒的

摩擦、变形、碰撞、挤压和滑滚等微观运动，减小了钢丝表面间接触，起到一定的润滑轴承作用，从而有效降低了钢丝间摩擦系数。

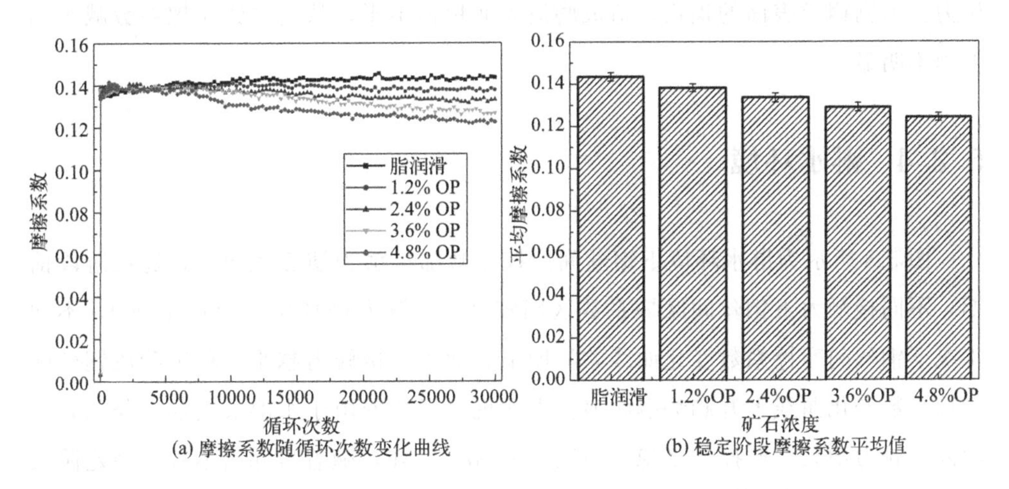

(a) 摩擦系数随循环次数变化曲线 (b) 稳定阶段摩擦系数平均值

图 5-6 不同浓度的矿石复合润滑脂润滑下钢丝间摩擦系数

5.2.3 矿石复合润滑脂润滑条件

图 5-7 所示为矿石复合润滑脂润滑下钢丝间摩擦系数随接触力演变规律。不同工况下钢丝间摩擦系数变化曲线分为快速增长阶段和稳定阶段。随着接触力增加，稳定阶段钢丝间摩擦系数平均值从 0.142 减小到 0.124。此外，稳定阶段钢

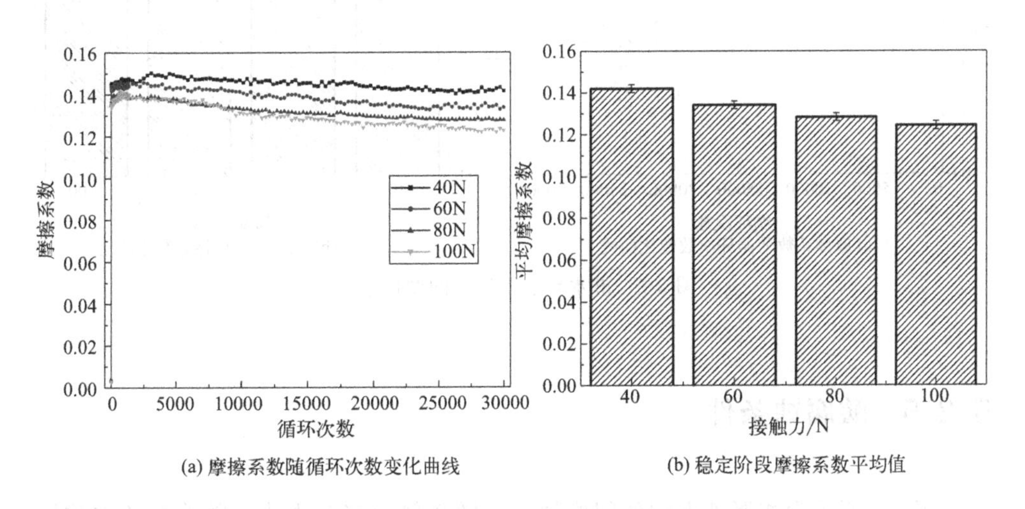

(a) 摩擦系数随循环次数变化曲线 (b) 稳定阶段摩擦系数平均值

图 5-7 矿石复合润滑脂润滑下钢丝间摩擦系数

丝间摩擦系数的降低幅度随着接触力增加而减小。这是因为随着接触力增加，钢丝接触区域油膜厚度减小，钢丝间润滑效果减弱。此外，矿石颗粒受到更大的挤压力会加剧钢丝表面的损伤，造成磨痕表面粗糙不平，从而导致摩擦系数减小幅度越不明显。

5.2.4　淋水环境

图 5-8 所示为淋水环境下钢丝间摩擦系数随接触力演变规律。在稳定阶段前期，不同接触力下钢丝间摩擦系数区别较小，但随着循环次数超过 10000，不同工况下钢丝间摩擦系数变化曲线差异明显。此外，接触力越小，稳定阶段钢丝间摩擦系数变化曲线上升趋势越明显。上述现象意味着由于水溶液的润滑作用，钢丝间接触力增大，摩擦越平稳。由图 5-8（b）可知，随着接触力增加，稳定阶段钢丝间摩擦系数平均值从 0.531 减小到 0.413，并且钢丝间摩擦系数下降的幅度越小。这是因为一方面，钢丝间摩擦力的增长速度小于接触力的增加速度；另一方面，随着钢丝间接触力增加，水溶液的润滑效果减弱，最终导致钢丝间摩擦系数的下降程度越小。

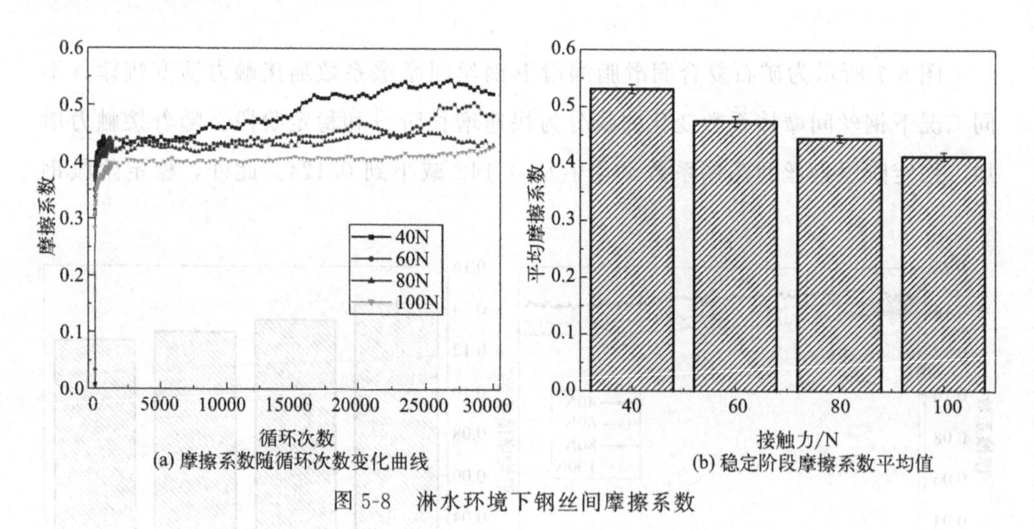

(a) 摩擦系数随循环次数变化曲线　　(b) 稳定阶段摩擦系数平均值

图 5-8　淋水环境下钢丝间摩擦系数

5.2.5　酸腐蚀条件

图 5-9 所示为酸腐蚀下钢丝间摩擦系数随接触力演变规律。随着循环次数增

加，不同接触力下钢丝间摩擦系数先急剧增加到峰值，然后逐渐减小，最终保持上下波动状态。因此，酸腐蚀下钢丝间摩擦系数变化曲线分为快速增长阶段、过渡阶段和相对稳定阶段。此外，不同接触力下摩擦系数变化曲线差异明显。对于接触力为 40N 和 60N，循环次数约为 113 时，钢丝间摩擦系数分别达到快速增长阶段的峰值 0.441 和 0.373，此时钢丝表层破裂，内部材料直接接触，钢丝间摩擦剧烈。之后，由于钢丝磨损面积增加以及酸溶液和磨屑的润滑作用，钢丝间摩擦行为进入过渡阶段，摩擦系数急剧降低。而对于接触力为 80N 和 100N，循环次数约为 3648 时，钢丝间摩擦系数分别达到快速增长阶段的峰值 0.454 和 0.407，然后进入过渡阶段，摩擦系数缓慢降低。上述现象说明较大接触力下钢丝间剧烈摩擦阶段时间更长，并且由于钢丝间较大的接触应力，酸溶液和磨屑的润滑效果减弱，大接触力下摩擦过渡阶段要明显长于小接触力下摩擦过渡阶段。图 5-9（b）所示为后 10000 次循环下钢丝间摩擦系数平均值。随着接触力从 40N 增加到 100N，钢丝间摩擦系数平均值从 0.431 减小到 0.357。在相对稳定阶段，不同接触力下钢丝间摩擦系数变化曲线波动明显，存在相互重叠现象，这是因为酸溶液具有腐蚀特性，导致在摩擦过程中钢丝在受到挤压、剪切以及扭转复合力作用下表面的磨屑更容易剥落，大小、形状不一的磨屑聚集在摩擦副表面阻碍了钢丝间相对运动，并且加剧钢丝表面的粗糙程度，最终造成相对稳定阶段钢丝间摩擦系数变化曲线波动严重，无法达到平稳状态。

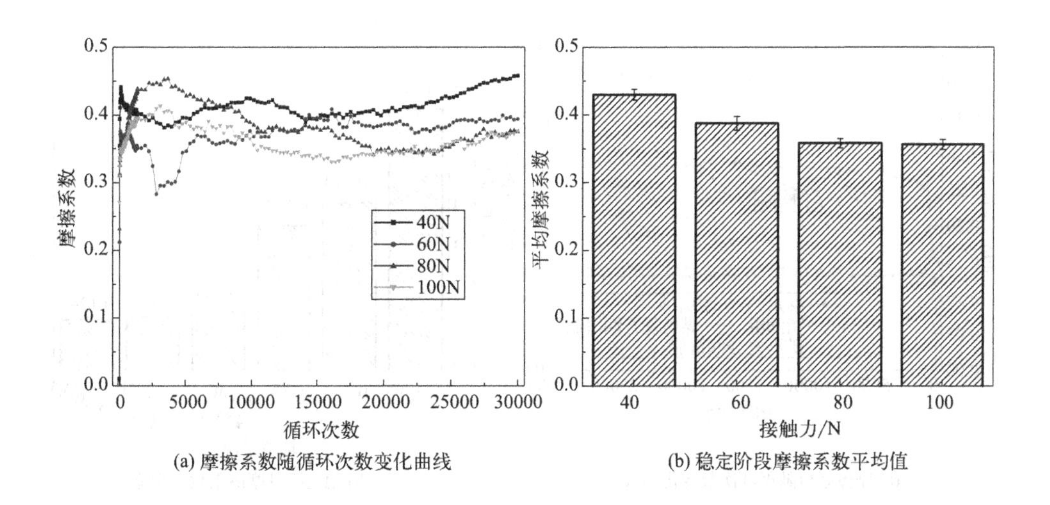

(a) 摩擦系数随循环次数变化曲线　(b) 稳定阶段摩擦系数平均值

图 5-9　酸腐蚀下钢丝间摩擦系数

5.2.6　不同环境工况对比

为了直观对比不同环境下钢丝间摩擦系数变化过程，分别选取了接触力为100N时，干摩擦、淋水、酸腐蚀、脂润滑、煤粉复合润滑脂（浓度为4.8%）以及矿石复合润滑脂（浓度为4.8%）条件下钢丝间摩擦系数随循环次数变化曲线以及稳定阶段钢丝间摩擦系数平均值，如图5-10所示。

通过对比分析发现，淋水环境与干摩擦下钢丝间摩擦系数变化曲线相似，但是数值差异明显，这说明淋水环境与干摩擦下钢丝间摩擦行为差异不大，但是淋水可以起到润滑作用，有效减小钢丝间摩擦力，缓解钢丝间剧烈摩擦。相比于干摩擦，酸腐蚀下钢丝间摩擦系数更小，但是稳定阶段摩擦系数变化曲线波动更加严重，这是因为酸溶液既可以起到润滑作用，又具有腐蚀能力。此外，相比于干摩擦、淋水以及酸腐蚀下钢丝间摩擦系数变化曲线，润滑脂和复合润滑脂润滑下钢丝间摩擦系数急剧减小，并且随着循环次数增加，摩擦系数变化平稳，波动不明显，这主要归功于润滑脂优异的减摩抗磨性能。

图5-10（b）所示为稳定阶段钢丝间摩擦系数平均值。对于相同的接触力，不同环境下稳定阶段钢丝间摩擦系数按以下顺序增长：矿石复合润滑脂＜煤粉复合润滑脂＜脂润滑＜酸腐蚀＜淋水＜干摩擦。

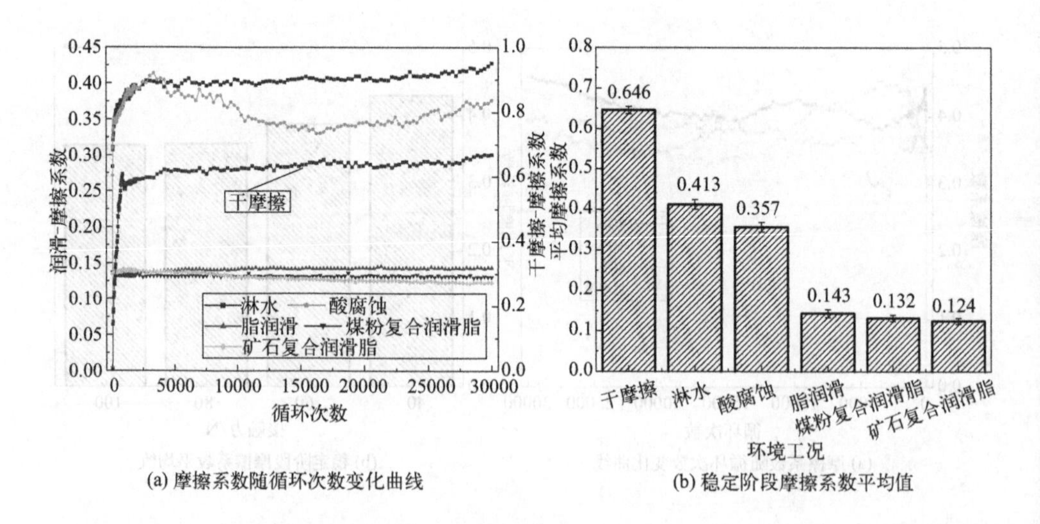

(a) 摩擦系数随循环次数变化曲线　　(b) 稳定阶段摩擦系数平均值

图5-10　不同环境下钢丝间摩擦系数对比

5.3 不同环境下钢丝磨损深度演变规律

5.3.1 脂润滑条件

图 5-11 所示为脂润滑下钢丝磨损深度随接触力演变规律。随着接触力增加，凸接触对下钢丝磨损深度从 37.71μm 增加到 57.23μm，凹接触对下钢丝磨损深度从 32.41μm 增加到 44.61μm。相比于凹接触对，凸接触对下钢丝磨损深度更大，并且磨损深度增长幅度更明显。这是因为随着接触力增加，钢丝间接触应力增大，钢丝磨损越严重。此外，由于凹接触对下钢丝接触区域能存储更多的润滑脂，因此钢丝磨损深度的增长幅度小于凸接触对下钢丝磨损深度的增长幅度。

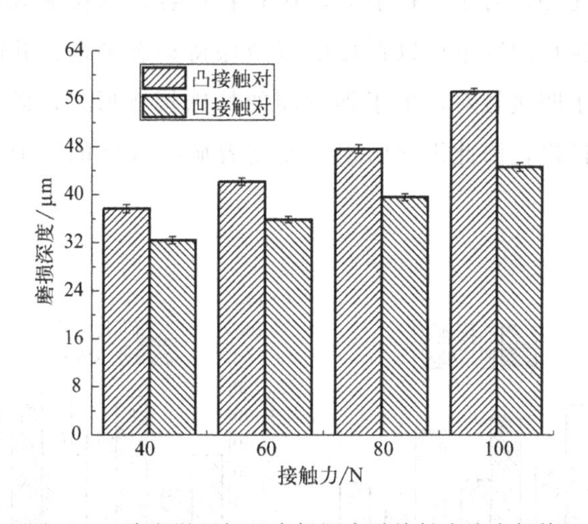

图 5-11 脂润滑下钢丝磨损深度随接触力演变规律

5.3.2 不同矿物颗粒对比

图 5-12 (a) 所示为煤粉复合润滑脂润滑下钢丝磨损深度随煤粉浓度演变规律。不同接触形式下钢丝磨损深度随着煤粉浓度增加呈现出先增大后减小的变化

趋势。此外，对于相同煤粉浓度，凸接触对下钢丝磨损深度更大。这是因为煤粉颗粒随着润滑脂进入钢丝间摩擦区域，接触区域的油膜厚度随着摩擦逐渐变薄，由于煤粉颗粒尺寸较大，煤粉颗粒将与钢丝表面直接接触，并且在挤压和剪切力作用下，煤粉颗粒在摩擦副表面运动从而划伤钢丝表面；另一方面，煤粉颗粒被碾碎，形成许多微小颗粒，这些微小颗粒一部分随着钢丝间相对运动流出接触区域，另一部分沉积到磨痕表面的凹坑中修复磨损表面。当煤粉浓度为1.2%时，煤粉颗粒对钢丝磨损表面的修复能力有限，因此钢丝磨损深度增加。然而，随着煤粉浓度升高，沉积到磨痕表面的微小颗粒越多，对磨损表面的修复能力逐渐增强，故钢丝的磨损深度逐渐降低。

图5-12（b）所示为矿石复合润滑脂润滑下钢丝磨损深度随矿石浓度演变规律。随着矿石浓度增加，凸接触对下钢丝磨损深度从57.23μm增加到104.21μm；凹接触对下钢丝磨损深度呈现出随机增加趋势，变化范围为44.60～75.94μm。这是因为矿石颗粒的硬度和弹性模量较大，在摩擦过程中不易被压碎成更小的颗粒。因此，矿石颗粒在摩擦副表面除了起到润滑轴承作用外，还会划伤磨痕表面，加剧钢丝的磨损。此外，对于凸接触对，矿石颗粒容易从接触区域排出，从而在摩擦过程中矿石颗粒的数量可以在接触区域保持动态平衡，并随着矿石浓度增加而增加。而对于凹接触对，由于钢丝间的特殊接触形式，矿石颗粒、润滑脂以及磨屑不易于排出，因此钢丝磨损深度随着矿石浓度的增加没有呈现出规律性变化趋势。

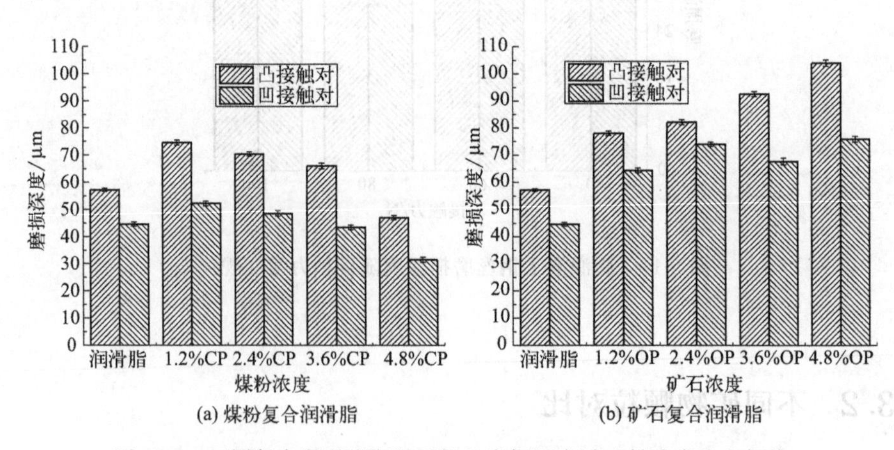

图5-12 不同复合润滑脂润滑下钢丝磨损深度随矿粉浓度演变规律

此外，不管是凹接触对还是凸接触对，矿石复合润滑脂润滑下钢丝磨损深度不光大于脂润滑下钢丝磨损深度，也大于煤粉复合润滑脂润滑下钢丝磨损深度，这同样证实了因为矿石颗粒的硬度和弹性模量大于煤粉颗粒，在挤压和剪切力作用下划伤钢丝表面，矿石颗粒对钢丝表面造成了更加严重的磨损。

5.3.3 矿石复合润滑脂润滑条件

由上节可知，对于相同的矿粉浓度，矿石复合润滑脂润滑下钢丝磨损深度明显大于煤粉复合润滑脂润滑下钢丝磨损深度，因此矿石颗粒对钢丝间摩擦磨损造成更严重的影响。图 5-13 所示为矿石复合润滑脂润滑下钢丝磨损深度随接触力演变规律，此时矿石浓度为 4.8%。随着接触力增加，不同接触形式下钢丝磨损深度呈现出快速增长的变化趋势。其中，凸接触对下钢丝磨损深度变化范围为 62.33～104.21μm，凹接触对下钢丝磨损深度变化范围为 43.74～75.94μm。造成上述现象的原因为：随着接触力增加，一方面，钢丝接触区域油膜厚度减小，造成润滑效果减弱；另一方面，矿石颗粒受到更大的挤压和剪切力，加剧钢丝表面的磨损，从而导致钢丝磨损深度快速增加。此外，对于相同的接触力，凸接触对下钢丝磨损深度大于凹接触对下钢丝磨损深度。

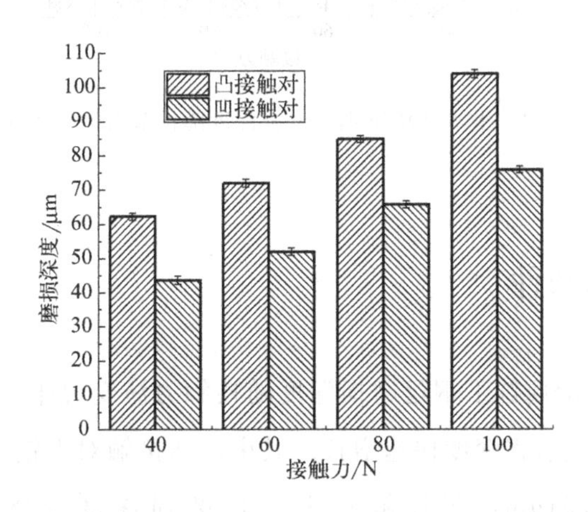

图 5-13 矿石复合润滑脂润滑下钢丝磨损深度随接触力演变规律

5.3.4 淋水环境

图 5-14 所示为淋水环境下钢丝磨损深度随接触力演变规律。随着接触力增

加，凸接触对下钢丝磨损深度从 65.23μm 增加到 117.12μm，凹接触对下钢丝磨损深度从 58.75μm 增加到 95.14μm，不同接触形式下钢丝磨损深度几乎呈现出线性增长趋势。此外，对于相同的接触力，凸接触对下钢丝磨损深度明显大于凹接触对下钢丝磨损深度，并且随着接触力增加，这两种接触形式下钢丝磨损深度的差距增大。这是因为随着接触力增加，钢丝间摩擦力增加，钢丝间磨损更加剧烈。相比于凹接触对，凸接触对下钢丝间接触应力更大，从而导致更加严重的磨损。此外，由于加载钢丝为“内凹”形式，可以存储更多的水溶液，从而有效地起到润滑效果，减小钢丝间摩擦磨损。

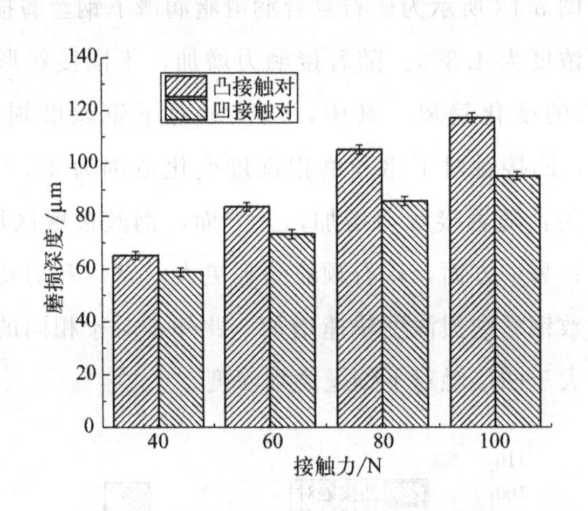

图 5-14 淋水环境下钢丝磨损深度随接触力演变规律

5.3.5 酸腐蚀条件

图 5-15 所示为酸腐蚀下钢丝磨损深度随接触力演变规律。随着接触力增加，不同接触形式下钢丝磨损深度快速增长。其中，凸接触对下钢丝磨损深度变化范围为 77.24 ～ 138.51μm，凹接触对下钢丝磨损深度变化范围为 69.96 ～ 117.73μm。这是因为酸溶液具有腐蚀性，在试验过程中钢丝表面生成腐蚀产物，在挤压和剪切力作用下，腐蚀产物被磨掉，然后生成新的腐蚀产物，最终在磨损和腐蚀的共同作用下钢丝表面材料损失严重，并且接触力增加将会加剧腐蚀条件下钢丝表面的材料损失[3]，因此钢丝磨损深度增长明显。此外，凸接触对下钢丝磨损深度明显大于凹接触对下钢丝磨损深度。

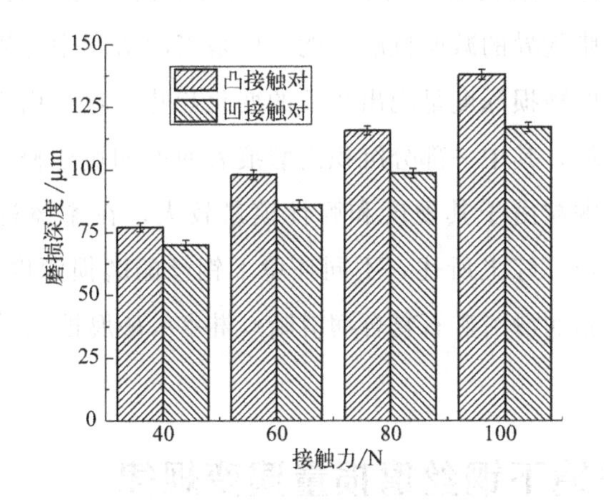

图 5-15 酸腐蚀下钢丝磨损深度随接触力演变规律

5.3.6 不同环境工况对比

图 5-16 所示为不同环境下钢丝磨损深度对比。淋水环境下钢丝磨损深度明显小于干摩擦下钢丝磨损深度，这是因为淋水可以起到一定润滑作用，从而减小钢丝间磨损。相比于淋水环境，酸腐蚀下钢丝的磨损深度增加，但是小于干摩擦下钢丝磨损深度。这是因为酸溶液一方面具有腐蚀性能，加剧钢丝的磨损，另一方

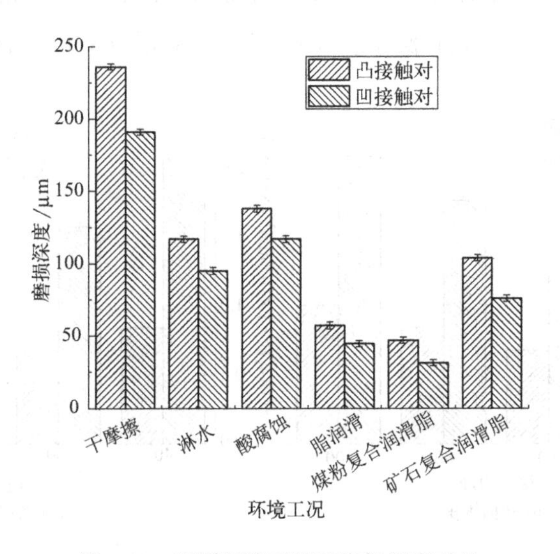

图 5-16 不同环境下钢丝磨损深度对比

面可以起到润滑作用，减轻钢丝间磨损。脂润滑下钢丝的磨损深度进一步减小，这主要归功于润滑脂优异的减摩抗磨性能。但是当润滑脂中分别混合煤粉颗粒和矿石颗粒后，钢丝的磨损深度呈现出相反的变化趋势，这是由于煤粉颗粒在摩擦过程中形成微小颗粒，其中一部分沉积到磨痕表面的凹坑中修复磨损表面，从而降低磨损。而矿石颗粒由于其硬度和弹性模量较大，在摩擦过程中划伤钢丝表面，加剧钢丝的磨损。综上所述，不同环境下钢丝的磨损深度按以下顺序增长：煤粉复合润滑脂＜脂润滑＜矿石复合润滑脂＜淋水＜酸腐蚀＜干摩擦。

5.4 不同环境下钢丝磨损量演变规律

5.4.1 脂润滑条件

图 5-17 所示为脂润滑下钢丝的磨损体积和磨损系数随接触力演变规律。随着接触力增加，凸接触对钢丝磨损体积从 $4.01\times10^{-3}\mathrm{mm}^3$ 增加到 $6.04\times10^{-3}\mathrm{mm}^3$，磨损系数从 $2.09\times10^{-8}\mathrm{mm}^3/(\mathrm{N}\cdot\mathrm{mm})$ 减小到 $1.26\times10^{-8}\mathrm{mm}^3/(\mathrm{N}\cdot\mathrm{mm})$；凹接触对下钢丝磨损体积从 $1.63\times10^{-3}\mathrm{mm}^3$ 增加到 $2.91\times10^{-3}\mathrm{mm}^3$，磨损系数从 $8.51\times10^{-9}\mathrm{mm}^3/(\mathrm{N}\cdot\mathrm{mm})$ 减小到 $6.07\times10^{-9}\mathrm{mm}^3/(\mathrm{N}\cdot\mathrm{mm})$。即不同接触形

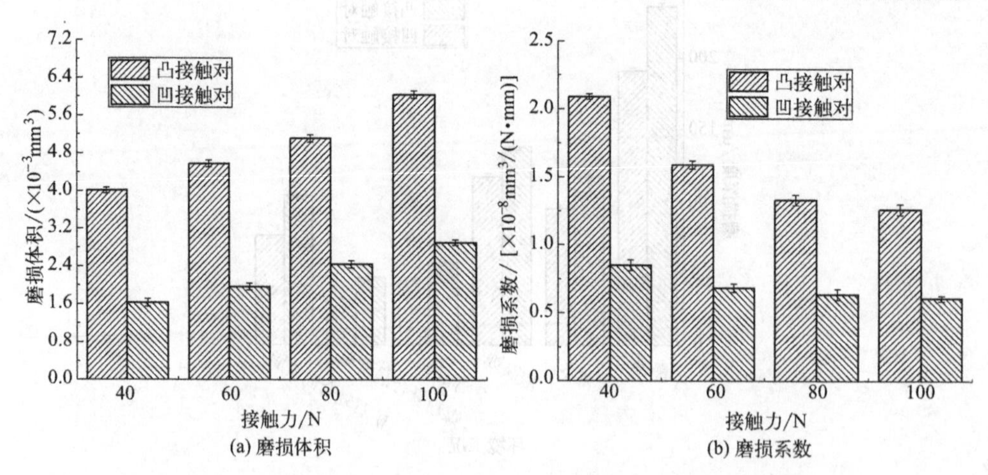

图 5-17　脂润滑下钢丝的磨损体积和磨损系数随接触力演变规律

式下钢丝的磨损体积随着接触力增加而增加，而磨损系数却随着接触力增加而减小。钢丝磨损系数与磨损体积成正比，与接触力成反比。上述现象意味着由于润滑脂的减摩抗磨特性，钢丝的磨损体积增长速度小于接触力的增加速度。即接触力增加，单位距离下单位载荷造成的材料损失越小。此外，对于相同接触力，凸接触对下钢丝磨损系数大于凹接触对下钢丝磨损系数，因此脂润滑下钢丝间为凸接触形式会造成钢丝表面更加严重的磨损。

5.4.2 不同矿物颗粒对比

图 5-18 所示为不同复合润滑脂润滑下钢丝的磨损体积随矿粉浓度演变规律。对于煤粉复合润滑脂，随着煤粉浓度增加，不同接触形式下钢丝磨损体积呈现出先增大后减小的变化趋势。其中，凸接触对下钢丝磨损体积变化范围为 $4.74\times10^{-3}\sim7.56\times10^{-3}mm^3$，凹接触对下钢丝磨损体积变化范围为 $1.67\times10^{-3}\sim3.62\times10^{-3}mm^3$。对于矿石复合润滑脂，凸接触对下钢丝磨损体积呈现出指数增长趋势，变化范围为 $6.04\times10^{-3}\sim1.39\times10^{-2}mm^3$；凹接触对下钢丝磨损体积呈现出波动增长趋势，变化范围为 $2.91\times10^{-3}\sim6.81\times10^{-3}mm^3$。此外，相同矿粉浓度下，凸接触对下钢丝磨损体积明显大于凹接触对下钢丝磨损体积。因此，对于相同的矿粉浓度，矿石颗粒比煤粉颗粒对钢丝表面造成更加严重的磨损，并且凸接触形式下钢丝表面的材料损失更严重。

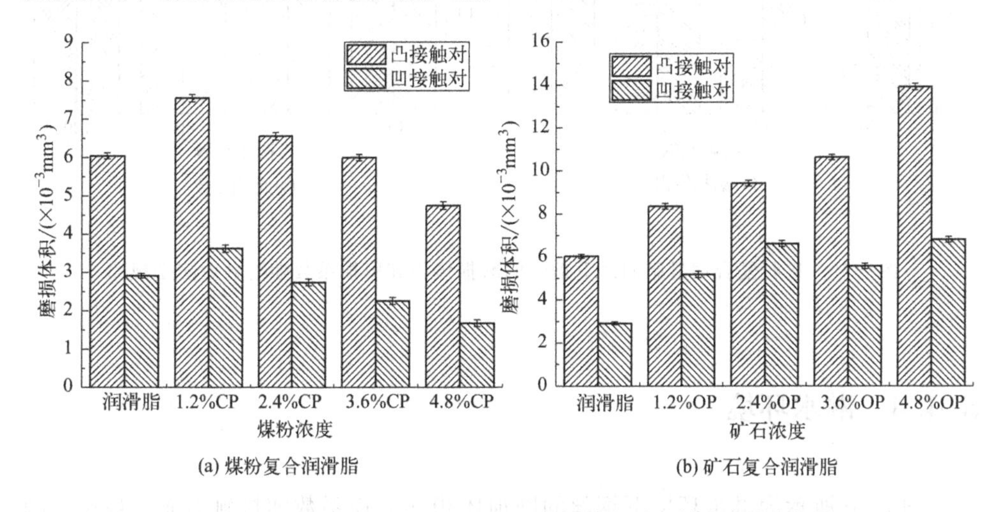

图 5-18 不同复合润滑脂润滑下钢丝磨损体积随矿粉浓度演变规律

5.4.3 矿石复合润滑脂润滑条件

图 5-19 所示为矿石复合润滑脂润滑下钢丝的磨损体积和磨损系数随接触力演变规律。随着接触力增加，不同接触形式下钢丝磨损体积呈现出线性增长趋势。其中，凸接触对下钢丝磨损体积从 $5.35\times10^{-3}mm^3$ 增加到 $1.39\times10^{-2}mm^3$，凹接触对下钢丝磨损体积从 $2.23\times10^{-3}mm^3$ 增加到 $6.61\times10^{-3}mm^3$，凹接触对下钢丝磨损体积的增长速度小于凸接触对下钢丝磨损体积的增长速度。这是因为凹接触形式下钢丝接触区域可以存储更多的润滑脂，可以有效降低钢丝间磨损程度。由图 5-19（b）可以看出，随着接触力增加，凸接触对和凹接触对下钢丝的磨损系数变化不明显，磨损系数变化范围分别为 $2.79\times10^{-8}\sim2.90\times10^{-8}mm^3/(N\cdot mm)$ 和 $1.16\times10^{-8}\sim1.38\times10^{-8}mm^3/(N\cdot mm)$，这说明整个试验过程中，对于不同接触力，单位距离下单位载荷造成的钢丝材料损失差别不大。

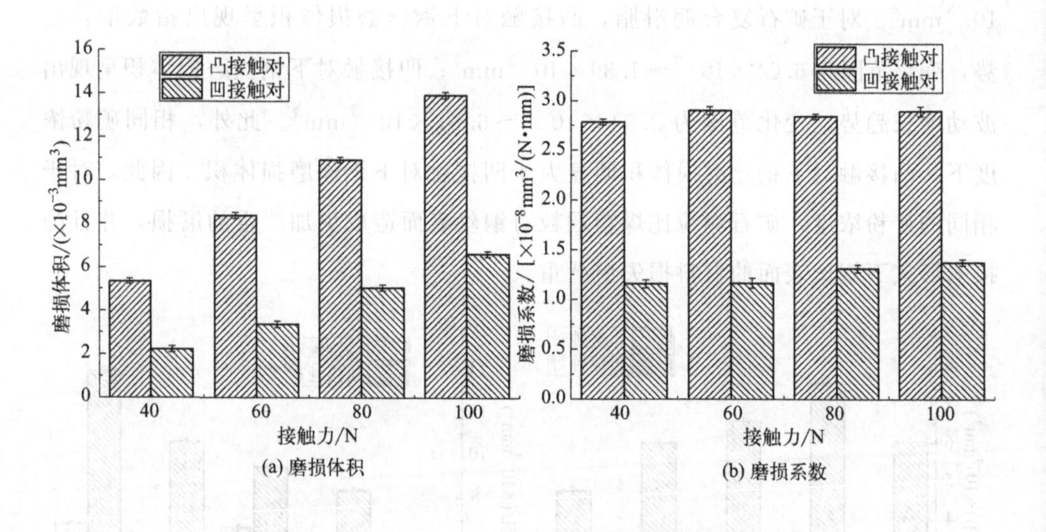

图 5-19 矿石复合润滑脂润滑下钢丝的磨损体积和磨损系数随接触力演变规律

5.4.4 淋水环境

图 5-20 所示为淋水环境下钢丝的磨损体积和磨损系数随接触力演变规律。随着接触力增加，凸接触对下钢丝磨损体积从 $7.33\times10^{-3}mm^3$ 增加到 $2.22\times$

$10^{-2}mm^3$，凹接触对下钢丝磨损体积从 $5.55\times10^{-3}mm^3$ 增加到 $1.47\times10^{-2}mm^3$。对于相同接触力，凸接触对下钢丝磨损体积大于凹接触对下钢丝磨损体积，并随着接触力增加，这两种接触形式下钢丝的磨损体积差异也更大。由图 5-20（b）可知，不同接触形式下钢丝磨损系数随着接触力增加呈现出先增加后减小的变化趋势，凸接触对和凹接触对下钢丝的磨损系数变化范围分别为 $3.82\times10^{-8}\sim4.87\times10^{-8}mm^3/(N\cdot mm)$ 和 $2.89\times10^{-8}\sim3.48\times10^{-8}mm^3/(N\cdot mm)$，这意味着接触力从 40N 增加到 60N 时，钢丝磨损体积的增长速度大于接触力的增加速度，而接触力从 60N 增加到 100N 时，钢丝磨损体积的增长速度小于接触力的增加速度。

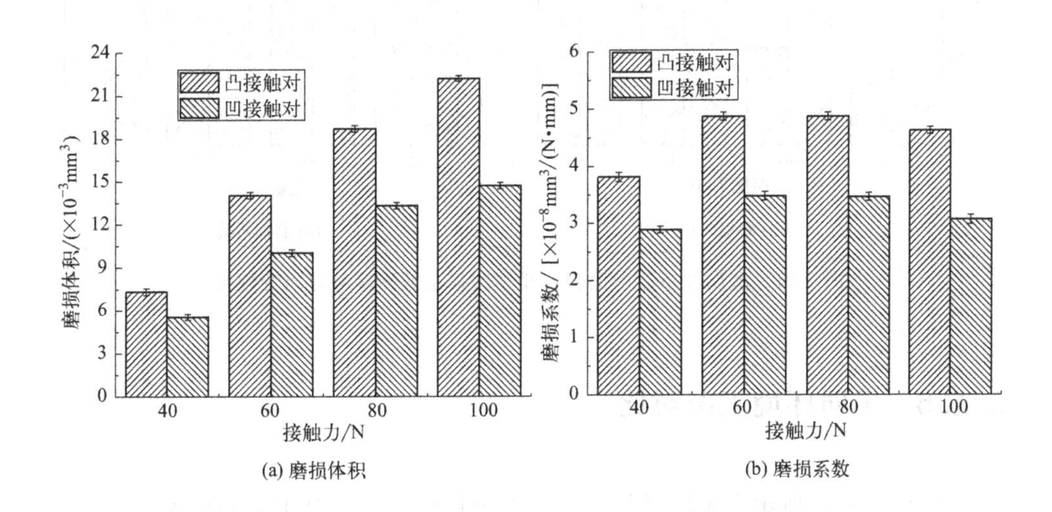

(a) 磨损体积　　(b) 磨损系数

图 5-20　淋水环境下钢丝的磨损体积和磨损系数随接触力演变规律

5.4.5 酸腐蚀条件

图 5-21 所示为酸腐蚀下钢丝的磨损体积和磨损系数随接触力演变规律。随着接触力增加，凸接触对和凹接触对下钢丝的磨损体积快速增长，变化范围分别为 $9.18\times10^{-3}\sim3.55\times10^{-2}mm^3$ 和 $6.96\times10^{-3}\sim2.52\times10^{-2}mm^3$。对于相同的接触力，凸接触对下钢丝磨损体积明显大于凹接触下钢丝磨损体积，并且不同接触形式下钢丝的磨损体积差距更大。这是因为随着接触力增加，钢丝间接触应力增大，钢丝间磨损和腐蚀共同作用，从而造成钢丝更严重的损伤。由图 5-21（b）

可知，随着接触力增加，凸接触对下钢丝磨损系数从 $4.78\times10^{-8}\mathrm{mm}^3/(\mathrm{N}\cdot\mathrm{mm})$ 增加到 $7.40\times10^{-8}\mathrm{mm}^3/(\mathrm{N}\cdot\mathrm{mm})$，凹接触对下钢丝磨损系数从 $3.62\times10^{-8}\mathrm{mm}^3/(\mathrm{N}\cdot\mathrm{mm})$ 增加到 $5.26\times10^{-8}\mathrm{mm}^3/(\mathrm{N}\cdot\mathrm{mm})$。这说明在腐蚀环境下钢丝间接触力增加，钢丝的磨损速度越快，其耐磨性能越差。

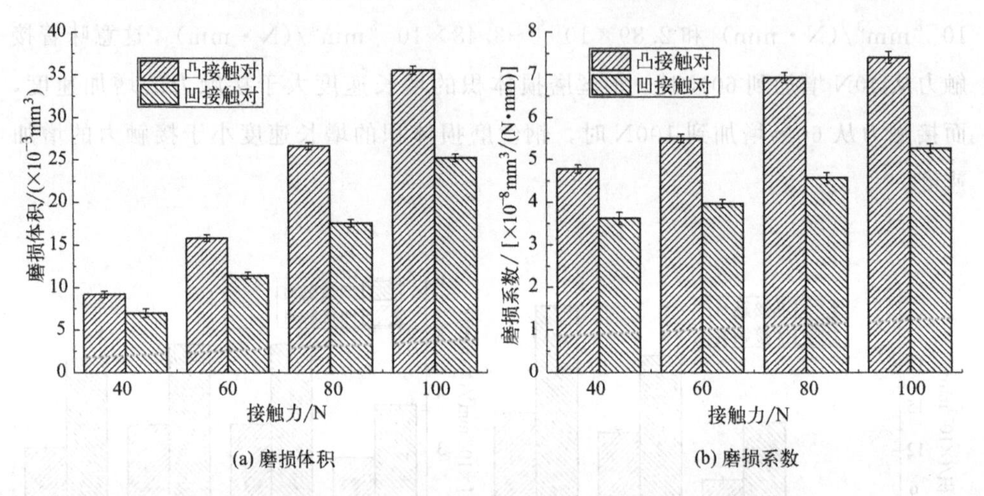

图 5-21 酸腐蚀下钢丝磨损体积和磨损系数随接触力演变规律

5.4.6 不同环境工况对比

图 5-22（a）所示为不同环境下钢丝磨损体积对比。对于不同环境工况，凸接触对下钢丝磨损体积大于凹接触对下钢丝磨损体积，这说明钢丝间接触应力以及接触形式对钢丝间磨损行为产生了重要影响。相比于干摩擦，淋水、酸腐蚀、脂润滑、煤粉复合润滑脂以及矿石复合润滑脂环境下，凸接触对下钢丝的磨损体积分别减小了 68.26%、49.2%、91.36%、93.23%、80.11%，凹接触对下钢丝的磨损体积分别减小了 75.9%、58.7%、95.23%、97.27%、89.18%。因此，淋水可以有效减小钢丝间磨损，但是减摩效果小于润滑脂；相比于淋水环境，酸腐蚀会加剧钢丝的材料损失，但是比干摩擦有一定的减摩效果；润滑脂中混合煤粉颗粒可以轻微减小钢丝的磨损体积，而矿石颗粒会加剧钢丝的磨损，对润滑脂的减磨性能产生不利影响。

图 5-22（b）所示为不同环境下钢丝磨损系数对比。对于不同环境工况，凸接触对下钢丝磨损系数大于凹接触对下钢丝磨损系数，而磨损系数代表不同环境

下钢丝的耐磨性能。因此，对于凸接触形式，单位载荷下钢丝间滑动单位距离所造成的材料损失比凹接触形式更严重，钢丝的耐磨性能更差。此外，不同环境下钢丝的耐磨性能由低到高的顺序如下：干摩擦＜酸腐蚀＜淋水＜矿石复合润滑脂＜脂润滑＜煤粉复合润滑脂。

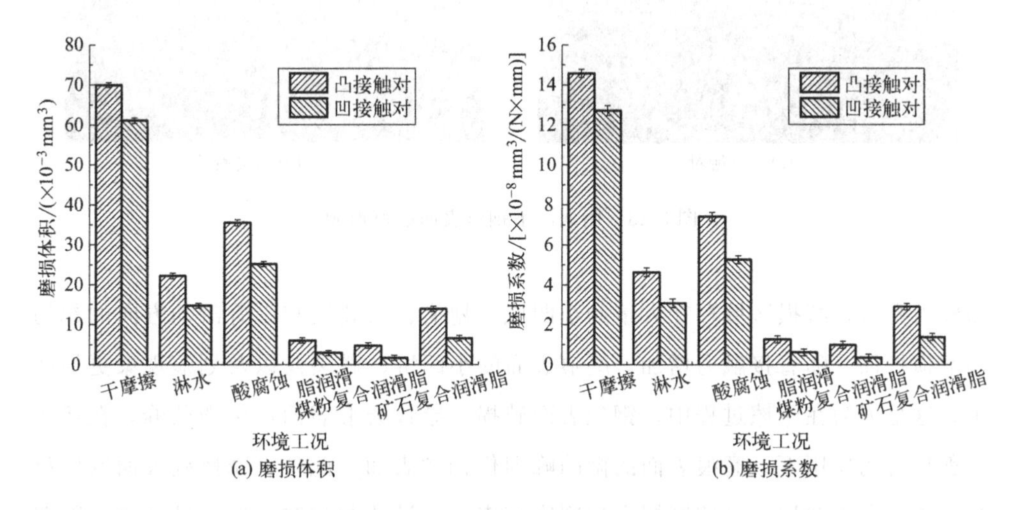

图 5-22 不同环境下钢丝磨损体积和磨损系数对比

5.5 不同环境下钢丝磨损机理演变规律

5.5.1 脂润滑条件

图 5-23 所示为接触力为 100N 时脂润滑下钢丝表面磨痕形貌。可以看出，钢丝表面呈现出椭圆形的磨痕，凸接触对下磨痕表面较为光滑，而凹接触对下磨痕表面较为粗糙，并且磨痕边缘产生塑性变形和材料堆积现象。

图 5-24 所示为脂润滑下钢丝表面微观磨损特征随接触力演变图。其中，图 5-24 (a)～(d) 为凸接触对下磨痕表面的微观磨损特征，图 5-24 (e)～(h) 为凹接触对下磨痕表面的微观磨损特征。对于凸接触对，不同接触力下钢丝磨痕表

(a) 凸接触对

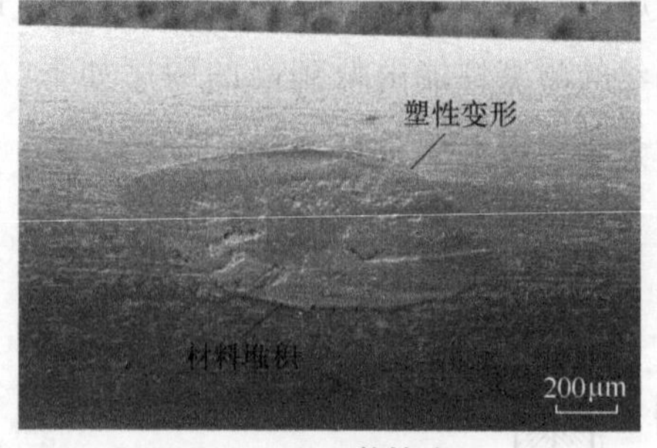

(b) 凹接触对

图 5-23 脂润滑下钢丝表面磨痕形貌

面较为光滑，磨损区域存在大量的小凹坑、划痕、微裂纹和沿着滑动方向的犁沟等磨损特征。随着接触力增加，磨痕表面的小凹坑、微裂纹以及划痕现象更加严重。这是因为在摩擦过程中，钢丝表面破损，导致磨痕表面产生微凸峰，在挤压和剪切力的作用下，磨痕表面的微凸峰划伤钢丝表面。此外，摩擦副表面发生材料剥落，产生磨屑，这些磨屑会切削磨痕表面，导致犁沟和小凹坑的产生。随着循环次数持续增加，钢丝表面受到反复法向和切向力的作用，磨痕表面出现应力集中，导致微小裂纹的出现。对于凹接触对，钢丝磨痕表面分布更多的微观磨损特征。当接触力较小时，钢丝表面的微观磨损特征较少，主要为小凹坑、划痕、微裂纹和犁沟。随着接触力增加，磨痕表面出现大量由材料剥落所造成的凹坑以及材料分层现象。这是因为凹接触形式有利于润滑脂的存储，但是不利于摩擦过程中磨屑的排出。因此，当钢丝间接触力较小时，润滑脂在接触表面形成润滑保护膜阻止钢丝间直接接触，降低钢丝间磨损，导致较少的磨屑产生，所以钢丝表

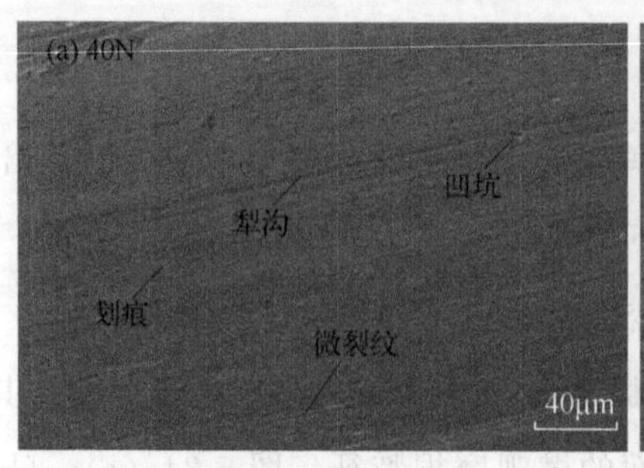

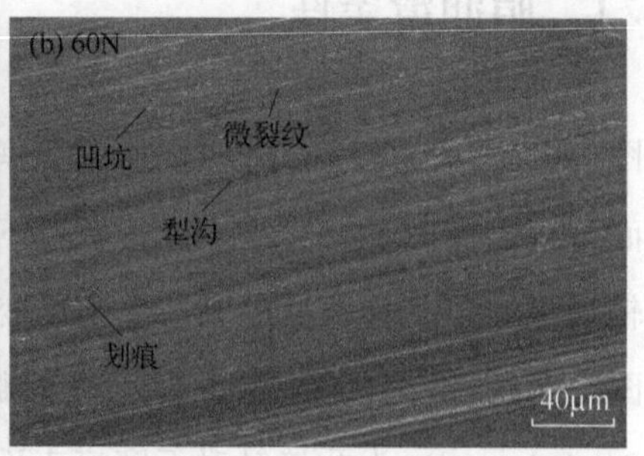

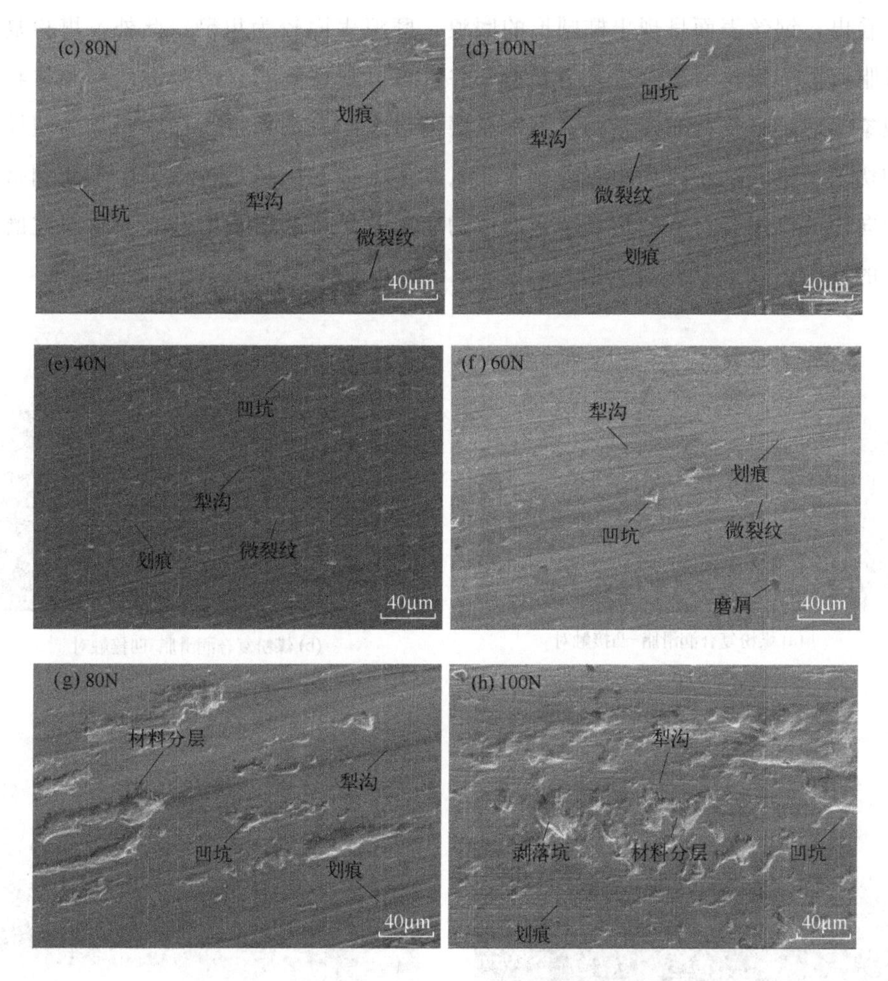

图 5-24　脂润滑下钢丝磨痕表面的微观磨损特征

面磨损特征较少。随着接触力增加，钢丝接触区域油膜厚度减小，当摩擦副表面的微凸峰大于油膜厚度时，钢丝表面直接接触，导致大量磨屑产生。这些磨屑聚集在接触区域，在较大挤压和剪切力作用下，造成钢丝次表层产生剪切应力，促进了微裂纹的萌生和横向扩展，当次表层的裂纹相互连接后，材料以剥层的形式脱落，形成凹坑和材料分层现象。综上所述，脂润滑下钢丝间主要磨损机理为磨粒磨损和疲劳磨损，并且凹接触对下磨痕表面的疲劳磨损特征更严重。

5.5.2 不同矿物颗粒对比

图 5-25 所示为接触力为 100N 时不同复合润滑脂润滑下钢丝表面磨痕形貌。

可以看出，钢丝表面呈现出椭圆形的磨痕，磨痕表面较为粗糙。此外，煤粉复合润滑脂润滑下钢丝磨痕边缘较为光滑，并且可以观察到明显的塑性变形和材料堆积现象。而矿石复合润滑脂润滑下钢丝磨痕边缘却较为粗糙，存在明显的塑性变形和切削现象。这是因为矿石颗粒在流入和流出接触区域过程中，由于受到挤压和切向力的作用会对磨痕边缘产生严重的切削效果，并阻止钢丝表面材料在磨痕边缘的堆积。

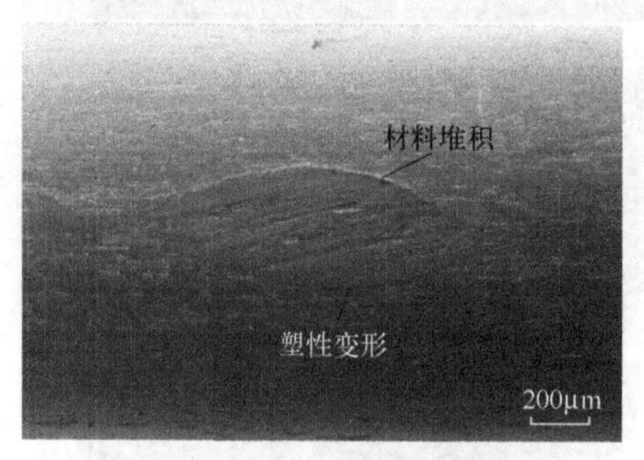

(a) 煤粉复合润滑脂-凸接触对

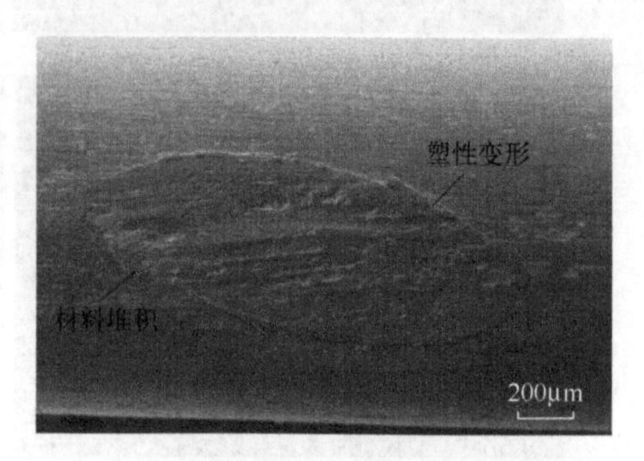

(b) 煤粉复合润滑脂-凹接触对

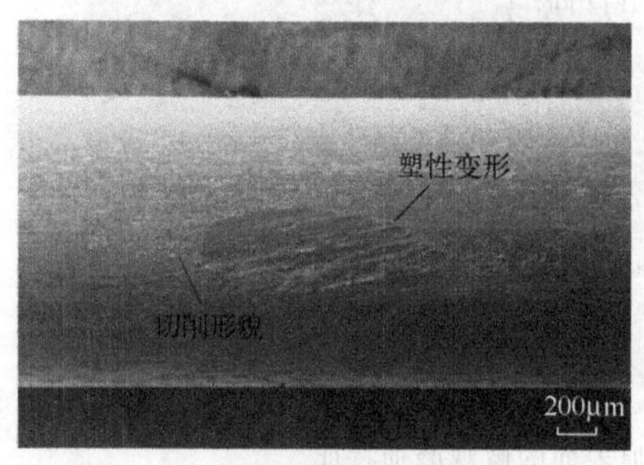

(c) 矿石复合润滑脂-凸接触对

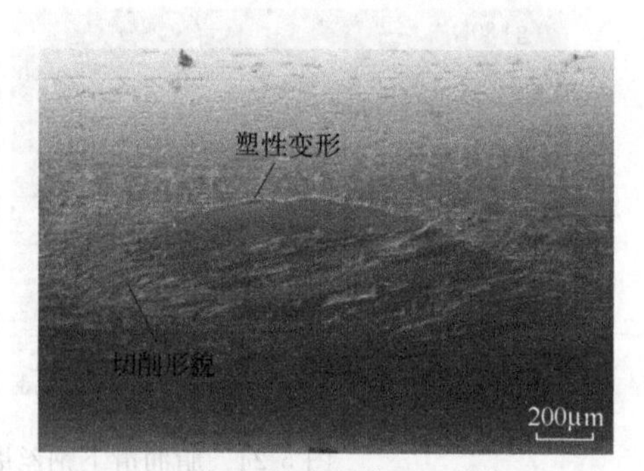

(d) 矿石复合润滑脂-凹接触对

图 5-25　不同复合润滑脂润滑下钢丝表面磨痕形貌

图 5-26 所示为煤粉复合润滑脂润滑下钢丝表面微观磨损特征随煤粉浓度演变图。其中，图 5-26 (a)～(d) 为凸接触对下磨痕表面的微观磨损特征，图 5-26 (e)～(h) 为凹接触对下磨痕表面的微观磨损特征。不同工况下钢丝磨痕表面呈现出明显的犁沟、材料黏附、微裂纹、塑性变形、材料分层以及凹坑等微观磨损特征，此外，大量由磨屑和煤粉颗粒组成的碎屑分布于磨痕表面。通过与图 5-24 中脂润滑下钢丝磨痕表面进行对比发现，煤粉复合润滑脂润滑下钢丝磨痕表面的微观磨损特征更严重且更粗糙。另外，随着煤粉浓度增加，磨痕表面的凹坑逐渐增多但深度却逐渐平坦。这是因为少量的煤粉颗粒随着润滑脂进入钢丝接触区域，在持续

的挤压和切向力作用下，与磨屑一起将磨痕表面划伤，并在磨痕表面产生应力集中，从而促进材料次表层的裂纹萌生和扩展，最终导致磨痕表面产生材料分层现象。但是随着煤粉浓度增加，进入钢丝接触区域的煤粉颗粒数量增多，缓解了钢

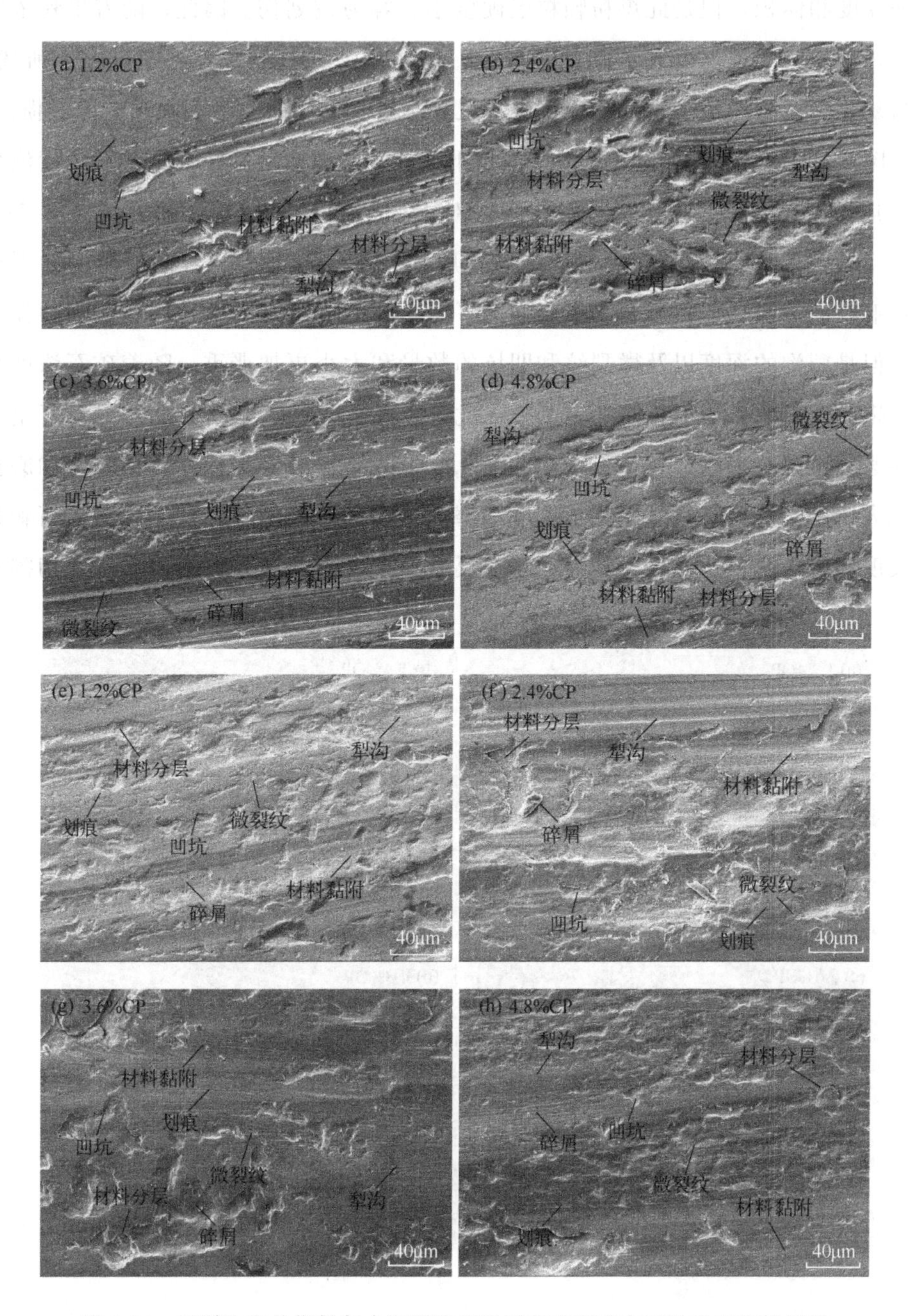

图 5-26 不同浓度的煤粉复合润滑脂润滑下钢丝磨痕表面的微观磨损特征

丝表面微凸峰的相互接触和摩擦，将接触表面间的摩擦转变为润滑脂和煤粉颗粒间的摩擦。此外，煤粉颗粒在持续的挤压和切向力作用下发生破碎形成细小颗粒，部分颗粒黏附于磨痕表面形成一层较厚且紧密的煤粉颗粒层，从而减小了磨痕的深度和体积。但是此煤粉颗粒层硬度小，容易被划伤。因此，随着煤粉浓度增加，钢丝的磨损深度和磨损体积减小，但磨痕表面凹坑数量增多。综上所述，煤粉复合润滑脂润滑下钢丝间主要磨损机理为磨粒磨损、黏着磨损和疲劳磨损。

图 5-27 所示为矿石复合润滑脂润滑下钢丝表面微观磨损特征随矿石浓度演变图。其中，图 5-27（a）～(d）为凸接触对下磨痕表面的微观磨损特征，图 5-27（e)～(h）为凹接触对下磨痕表面的微观磨损特征。与煤粉复合润滑脂润滑下钢丝磨痕表面一样，矿石复合润滑脂润滑下钢丝磨痕表面呈现出相同的微观磨损特征，但是犁沟的深度以及微裂纹和凹坑的数量和大小更加严重。随着矿石浓度增加，钢丝表面的微观磨损特征越明显。此外，相比于凹接触对，凸接触对下钢丝表面磨损更严重，这与章节 5.3.2 和 5.4.2 中凸接触对下钢丝的磨损深度和磨损体积大于凹接触对下钢丝的磨损深度和磨损体积的结论一致。这是因为矿石颗粒的硬度和弹性模量比煤粉颗粒更大，在反复的挤压、剪切和扭转力作用下切割基

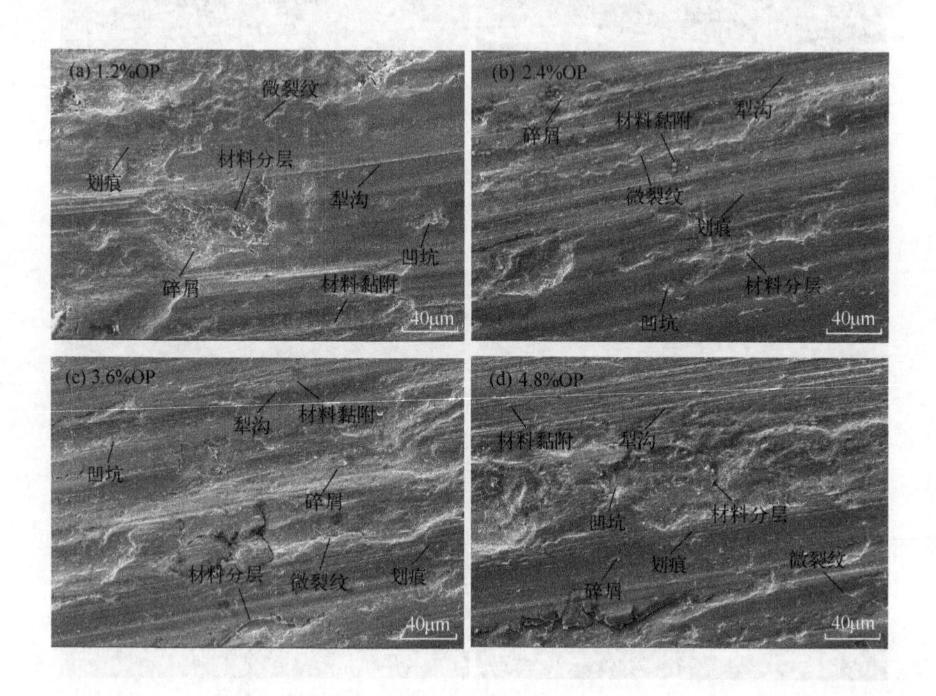

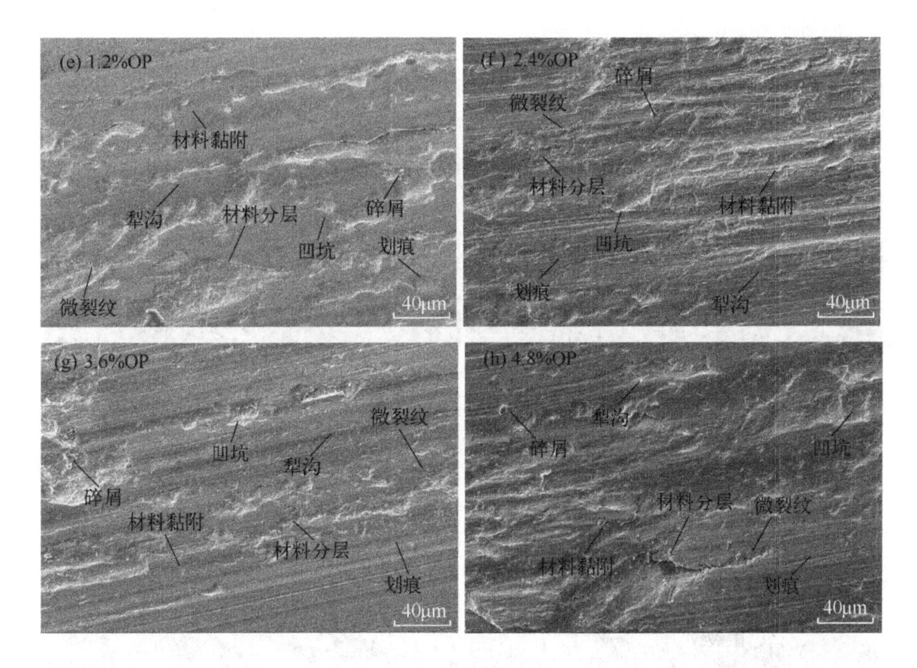

图 5-27　不同浓度的矿石复合润滑脂润滑下钢丝磨痕表面的微观磨损特征

体，从而造成比煤粉颗粒更加严重的损伤。此外，凸接触对下钢丝间接触应力更大，矿石颗粒对接触表面产生更大的应力集中，从而导致更严重的磨损。综上所述，矿石复合润滑脂润滑下钢丝间主要磨损机理为磨粒磨损、黏着磨损和疲劳磨损，并且凸接触对下钢丝磨痕表面的微观磨损特征更严重。

5.5.3 矿石复合润滑脂润滑条件

图 5-28 所示为矿石复合润滑脂润滑下钢丝表面的微观磨损特征随接触力演变图。其中，图 5-28 (a)～(d) 为凸接触对下磨痕表面的微观磨损特征，图 5-28 (e)～(h) 为凹接触对下磨痕表面的微观磨损特征。不同接触力下磨痕表面均呈现出明显的犁沟、材料黏附、微裂纹、塑性变形、材料分层以及凹坑等磨损特征。随着接触力增加，钢丝表面的微观磨损特征越多且越严重。这是因为随着钢丝间接触力增加，接触区域的矿石颗粒受到的挤压和剪切力增大，导致钢丝表面磨损越严重。因此，不同接触力下钢丝间主要磨损机理为磨粒磨损、黏着磨损和疲劳磨损。

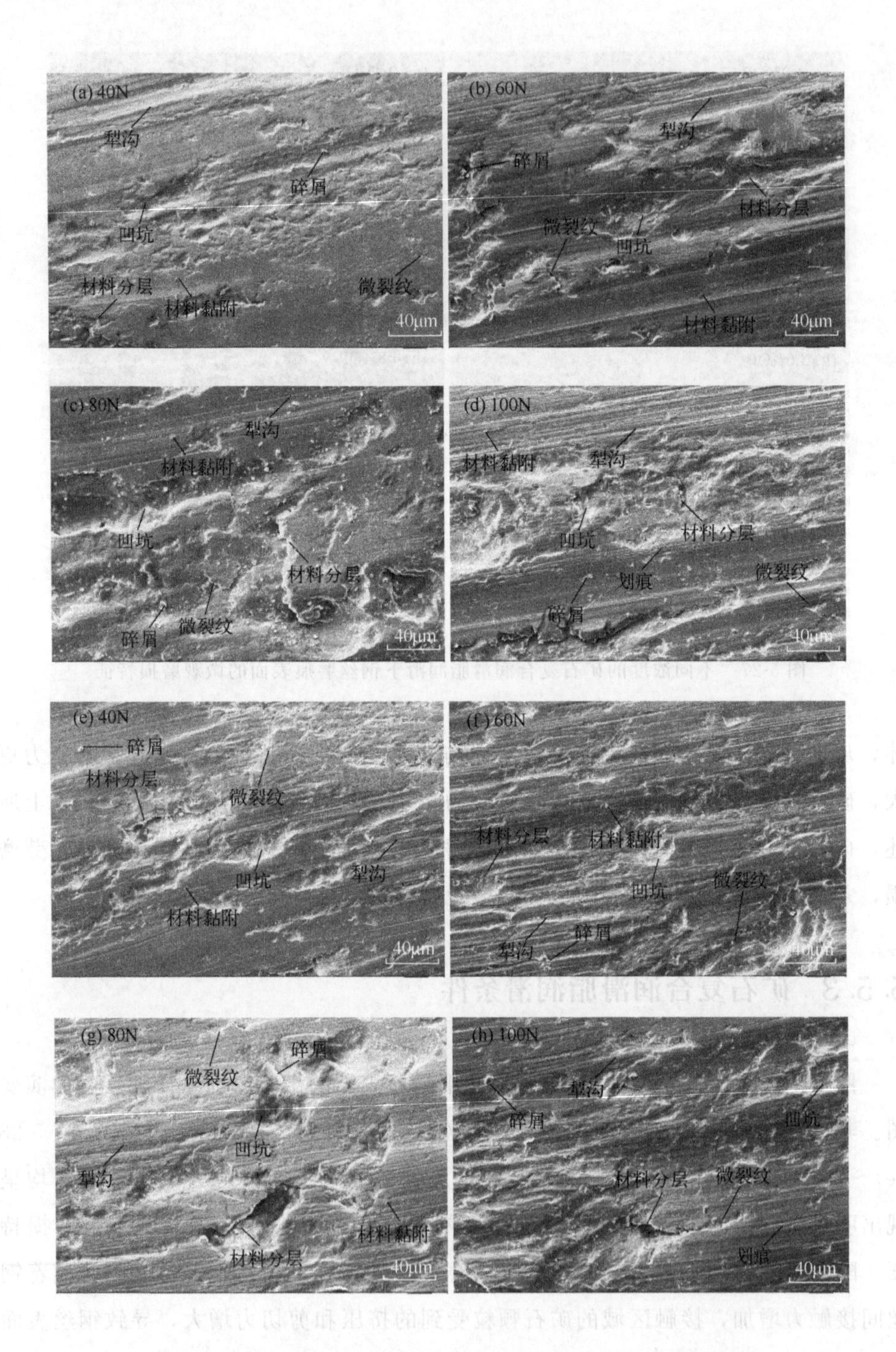

图 5-28 矿石复合润滑脂润滑下钢丝磨痕表面的微观磨损特征

5.5.4 淋水环境

图 5-29 所示为接触力为 100N 时淋水环境下钢丝表面磨痕形貌。可以看出，不同接触形式下钢丝表面呈现出椭圆形的磨痕，并且磨痕边缘存在明显的塑性变形和材料堆积现象。

(a) 凸接触对

(b) 凹接触对

图 5-29 淋水环境下钢丝表面磨痕形貌

图 5-30 所示为淋水环境下钢丝表面微观磨损特征随接触力演变图。其中，图 5-30 (a)～(d) 为凸接触对下磨痕表面的微观磨损特征，图 5-30 (e)～(h) 为凹接触对下磨痕表面的微观磨损特征。当接触力为 40N 时，凸接触对下钢丝磨痕表面平滑，只有轻微的小凹坑、微裂纹、材料黏附以及磨屑分布于磨痕表面。随着接触力增加，磨痕表面逐渐出现更多的微裂纹、材料剥落、犁沟、材料黏附甚至材料分层现象。当接触力增加到 100N 时，磨痕表面产生更加严重的塑性变形，并且犁沟、划痕等磨粒磨损特征占主要部分，微裂纹以及材料分层现象不明显。这是因为淋水可以有效缓解钢丝间剧烈磨损程度，当接触力较小时，钢丝间相对滑动距离较大，摩擦产生的磨屑随着水一起从接触区域排出，因此磨痕表面较为光滑，磨损特征不明显。随着接触力增加，一方面，钢丝间相对滑动距离减小，黏着增大，不利于磨屑从接触区域排出；另一方面，增加的接触力将会对摩擦区域的磨屑产生更大的挤压和剪切力，磨屑更容易穿透水保护膜与钢丝表面直接接触，在挤压和剪切力的作用下磨屑和微凸峰对钢丝表面产生应力集中，促进钢丝表面产生微裂纹，导致材料以剥层的形式脱落。当接触力增加到 100N 时，磨痕表面受到更大的接触应力，在持续的挤压、剪切以及扭转复合力作用下接触表面

的次表层产生裂纹并从钢丝表层脱落，露出新鲜表层，并在钢丝间相对滑动下产生严重的磨粒磨损特征。对于凹接触对，钢丝磨痕表面呈现出大量的微裂纹、划痕、材料剥落、犁沟、材料黏附以及材料分层现象，并且随着接触力增加，材料

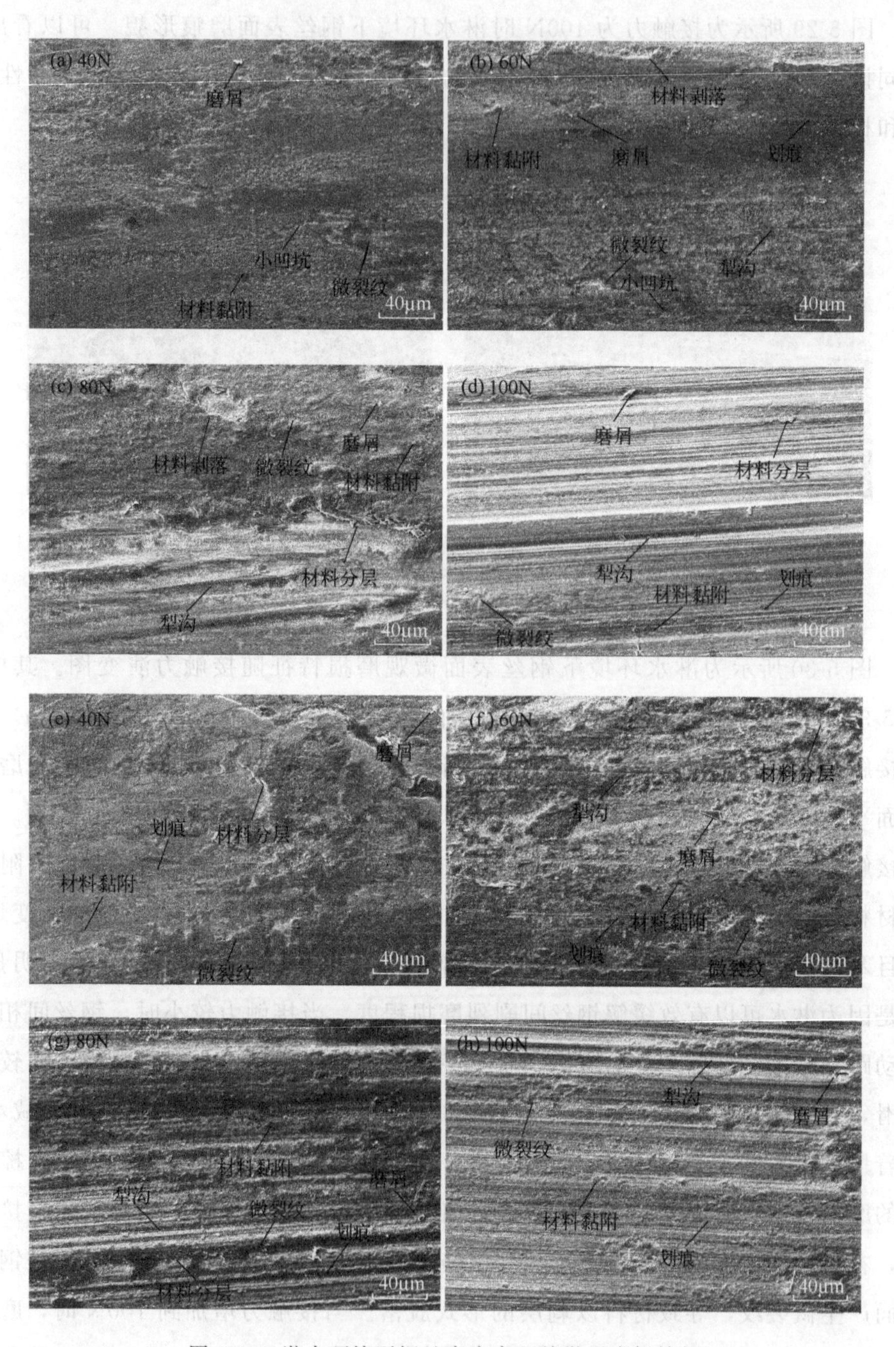

图 5-30 淋水环境下钢丝磨痕表面的微观磨损特征

分层现象逐渐消失，而磨粒磨损特征却越来越明显。因此，淋水环境下钢丝间主要磨损机理为磨粒磨损、黏着磨损和疲劳磨损，并且接触力增加，钢丝表面的磨粒磨损特征越严重。

5.5.5 酸腐蚀条件

图 5-31 所示为接触力为 100N 时酸腐蚀下钢丝表面磨痕形貌。可以发现，钢丝表面呈现出椭圆形的磨痕，凸接触对下磨痕表面较为光滑，磨痕边缘存在环状的腐蚀痕迹。凹接触对下磨痕表面较为粗糙，磨痕边缘产生塑性变形、材料堆积和环状的腐蚀痕迹。

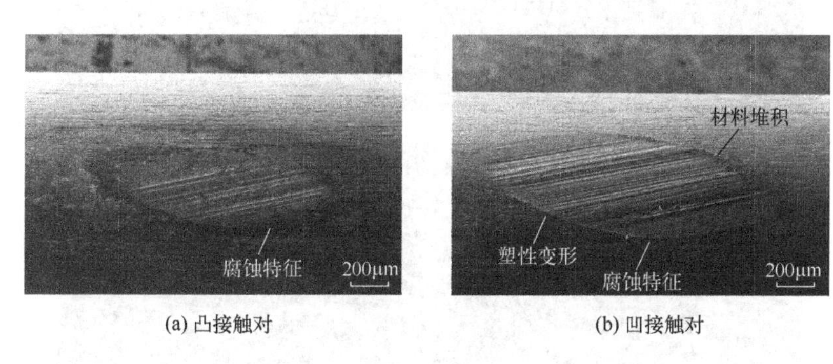

(a) 凸接触对　(b) 凹接触对

图 5-31　酸腐蚀下钢丝表面磨痕形貌

图 5-32 所示为酸腐蚀下钢丝表面微观磨损特征随接触力演变图。其中，图 5-32（a）～(d）为凸接触对下磨痕表面的微观磨损特征，图 5-32（e）～(h）为凹接触对下磨痕表面的微观磨损特征。对于凸接触对，当接触力较小时，钢丝磨痕表面出现明显的腐蚀产物、材料黏附、轻微的犁沟，并有大片材料分层黏附于磨痕表面。随着接触力增加，摩擦副表面的磨粒磨损特征越明显，并且磨痕表面出现明显的颗粒状和片状腐蚀产物以及微裂纹，没有出现大片的材料分层。这是因为在摩擦过程中，酸溶液一方面起到润滑作用减小了钢丝间的剧烈摩擦，导致钢丝表面微观磨损特征较少；另一方面，由于其具有腐蚀性，在试验过程中腐蚀钢丝表面，导致钢丝表面产生材料剥落，当接触力较小时，钢丝间摩擦力较小，钢丝间摩擦程度较轻，因此磨痕表面存在大片的材料没有脱落。随着接触力增加，钢丝表面受到更大的挤压、剪切以及扭转复合力，这些作用力与腐蚀相互作用，促进了钢丝表面的损伤，导致磨痕表面出现大量的腐蚀产物、材料黏附、微

裂纹以及犁沟现象。对于相同的接触力，凹接触对下磨痕表面的微观磨损特征明显多于凸接触对下磨痕表面的微观磨损特征，磨痕表面存在分布大量的腐蚀产物、塑性变形、材料黏附、材料分层以及犁沟等现象。随着接触力增加，磨痕表面的材料黏附和存在犁沟现象更加严重。这是因为凹接触对下酸溶液和腐蚀产物不易于排出接触区域，在反复的挤压和剪切力作用下，形成钢丝表面大量的微观磨损特征。此外，接触力会加剧摩擦过程中酸溶液对钢丝表面的腐蚀效果，产生

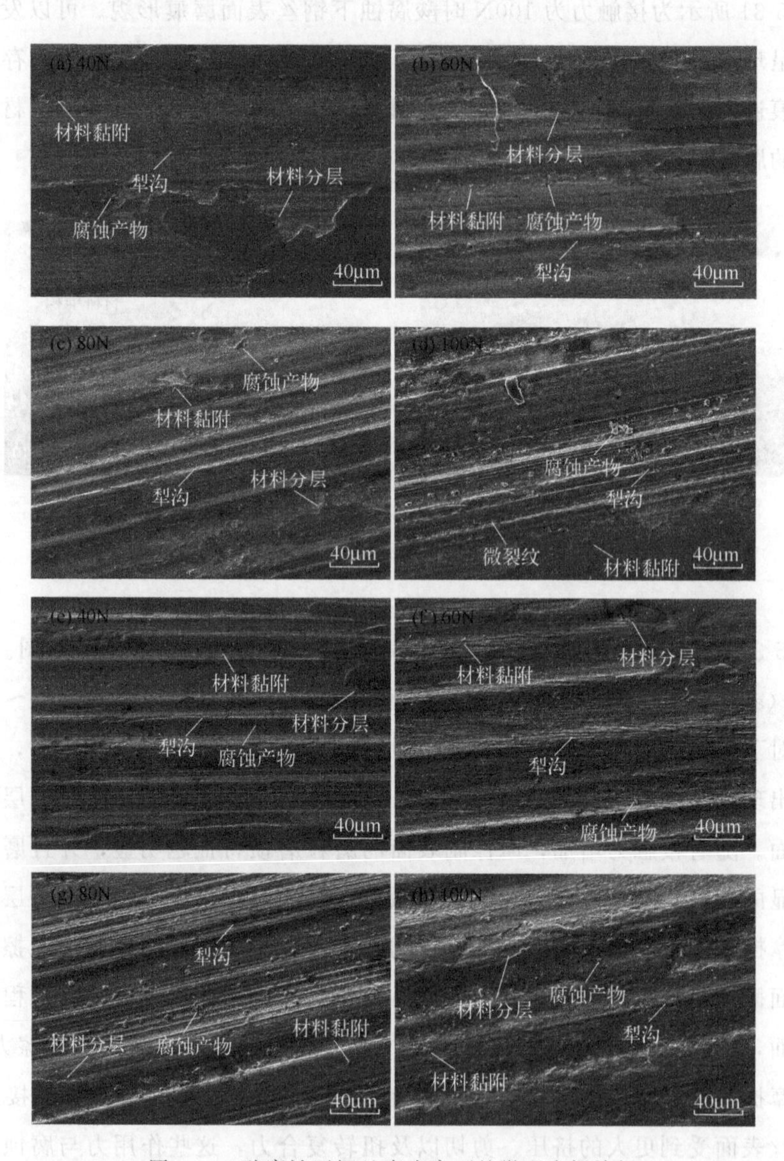

图 5-32　酸腐蚀下钢丝磨痕表面的微观磨损特征

更多的腐蚀产物，在更大的接触力和摩擦力作用下划伤钢丝表面。因此，酸腐蚀下钢丝间主要磨损机理为磨粒磨损、黏着磨损、疲劳磨损和腐蚀磨损，并且随着接触力增加，磨粒磨损和腐蚀磨损越严重。

5.5.6 不同环境工况对比

图 5-33 和图 5-34 所示分别为接触力 100N 时钢丝磨痕表面的微观形貌随环境工况演变图。对于干摩擦，相比相同直径接触对，不同直径接触对下钢丝磨痕表面更加粗糙，微观磨损特征更加明显，这是因为不同直径钢丝间摩擦类似于“切割”行为，在反复的挤压、剪切以及扭转复合力作用下接触表面产生复杂的应力状态，造成钢丝表面严重的磨损。在淋水环境下，水溶液一方面起到润滑和降温作用，另一方面可以将接触区域的磨屑及时排出，降低钢丝间剧烈磨损程度，因此淋水环境下钢丝磨痕表面比干摩擦下磨痕表面更加光滑。当钢丝接触区域处于酸腐蚀环境下，钢丝间磨损和腐蚀共同作用，加快了钢丝表面的材料损失速度，造成钢丝磨痕表面产生大量微观磨损特征。由于润滑脂具有良好的减摩抗磨性能，可以有效阻止钢丝表面间直接接触，从而降低钢丝间摩擦磨损。此外，对于凹接触形式，摩擦过程中产生的磨屑不易于排出接触区域，在反复的挤压和剪切力作用下刺破油膜造成钢丝表面应力集中，导致磨痕表面出现明显的小凹坑和材料分层现象。润滑脂中添加煤粉颗粒后，钢丝磨痕表面的微观磨损特征明显增多，但是少于矿石复合润滑脂润滑下钢丝磨痕表面的微观磨损特征。这是因为矿

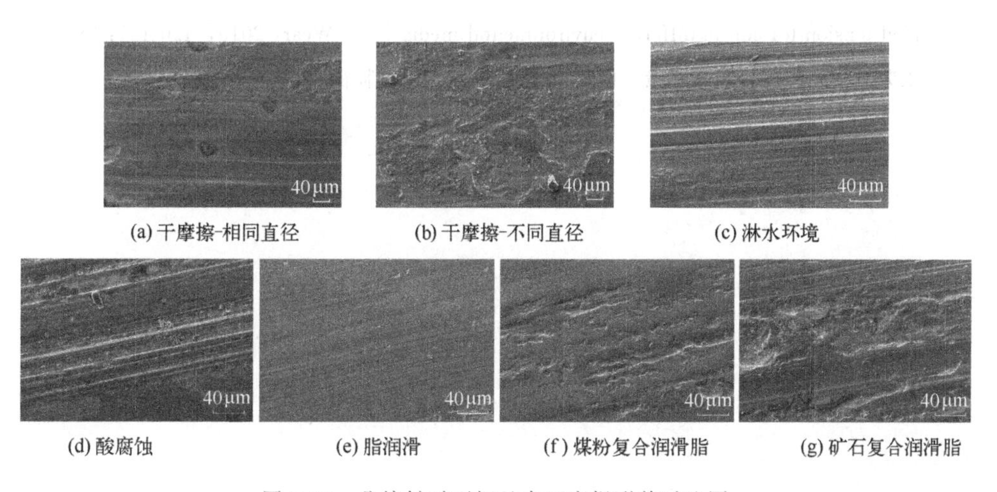

(a) 干摩擦-相同直径　(b) 干摩擦-不同直径　(c) 淋水环境

(d) 酸腐蚀　(e) 脂润滑　(f) 煤粉复合润滑脂　(g) 矿石复合润滑脂

图 5-33　凸接触对下钢丝表面磨损形貌对比图

石颗粒的硬度和弹性模量比煤粉颗粒更大，在挤压和剪切力作用下在钢丝表面产生应力集中，促进磨痕表面材料剥落并划伤钢丝表面，加剧钢丝的磨损。

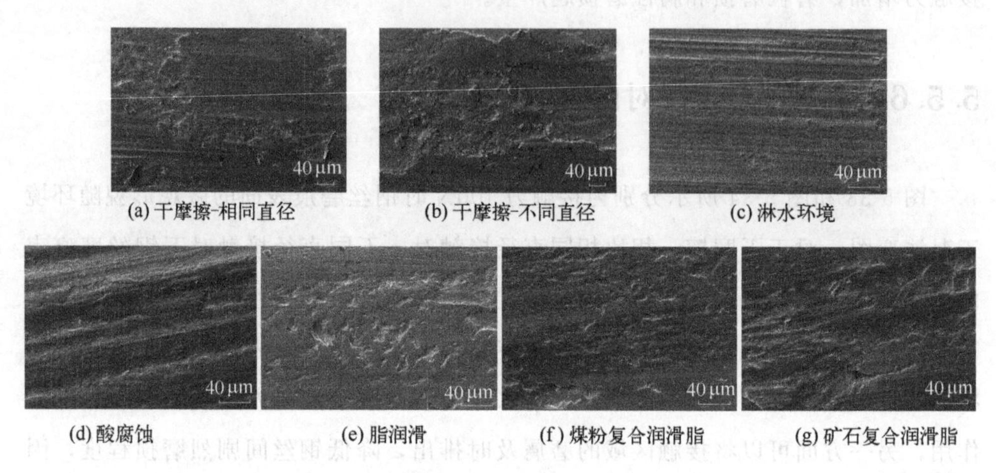

图 5-34 凹接触对下钢丝表面磨损形貌对比图

参考文献

[1] 鲍万臣，程相文，李胜辉，等. 提升机钢丝绳的安全检查与日常维护［J］. 设备管理与维修，2014，10：13-14.

[2] Wang D G，Song D Z，Wang X R，et al. Tribo-fatigue behaviors of steel wires under coupled tension-torsion in different environmental media［J］. Wear，2019，420-421：38-53.

[3] 王荣. 失效机理分析与对策［M］. 北京：机械工业出版社，2020：38-127.

第6章

钢丝绳内部失效行为研究

上述章节探究了不同接触参数、接触形式以及复杂环境下钢丝间摩擦磨损特性，虽然对了解钢丝绳内部钢丝摩擦磨损机理和失效行为提供了重要的参考依据，但是钢丝绳内部钢丝长期承受循环往复的拉伸载荷，从而不可避免地发生疲劳失效和拉伸断裂现象。因此，本章开展了钢丝微动磨损试验，分析了钢丝磨损深度随循环次数演变规律；针对不同环境下磨损钢丝开展拉伸破断试验，获得了磨损钢丝的拉伸载荷-伸长量变化曲线，探究了不同环境下磨损钢丝的剩余强度演变规律；之后开展了钢丝微动疲劳试验，探析了不同接触参数和环境下钢丝疲劳寿命变化规律；最后，利用扫描电镜分析钢丝的断口形貌，揭示了不同环境下钢丝拉伸和疲劳断裂失效机理，从而为研究钢丝绳内部钢丝失效行为以及评估钢丝绳使用寿命提供了重要的数据支撑和理论依据。

6.1 磨损钢丝拉伸断裂行为

6.1.1 钢丝磨损深度演变规律

图 6-1 所示为不同环境下钢丝磨损深度随循环次数演变规律。不同环境下钢丝磨损深度随着循环次数增加呈现出幂指数增长趋势，即钢丝的磨损深度随着循环次数增长速度逐渐降低。这是因为随着循环次数增加，钢丝磨损面积增加，钢丝间接触应力逐渐减小，并且接触区域的磨屑达到了连续产生和溢出的动态平衡，所以钢丝的磨损深度增长速度逐渐降低。对于相同的循环次数，凸接触对下钢丝磨损深度明显大于凹接触对下钢丝磨损深度。图 6-1（a）所示为接触环境为干摩擦，相同直径接触对下钢丝磨损深度随循环次数演变规律。当循环次数从 3.0×10^4 增长到 2.1×10^5，凸接触对下钢丝磨损深度从 236.18μm 增加到 645.22μm，凹接触对下钢丝磨损深度从 191.26μm 增加到 481.38μm。此外，对不同接触形式下钢丝磨损深度进行非线性拟合，其中凸接触对下拟合相关系数 R^2 为 0.99309，凹接触对下拟合相关系数 R^2 为 0.98757，不同接触形式下钢丝磨损深度随循环次数的拟合方程分别如下：

$$H=-657.92\times e^{(-N/10.30)}+733.45 \tag{6-1}$$

$$H=-485.69\times e^{(-N/5.62)}+482.27 \quad (6\text{-}2)$$

式中，H 为钢丝磨损深度，μm；N 为循环次数。

图 6-1（b）所示为接触环境为干摩擦，不同直径接触对下钢丝磨损深度随循环次数演变规律。当循环次数从 3.0×10^4 增长到 1.5×10^5，凸接触对下钢丝磨损深度从 261.42μm 增加到 627.42μm，凹接触对下钢丝磨损深度从 244.02μm 增加到 547.25μm。对不同接触形式下钢丝磨损深度进行非线性拟合，其中凸接触对下拟合相关系数 R^2 为 0.9935，凹接触对下拟合相关系数 R^2 为 0.99176，不同接触形式下钢丝磨损深度随循环次数的拟合方程分别如下：

$$H=-679.27\times e^{(-N/7.09)}+708.74 \quad (6\text{-}3)$$

$$H=-609.20\times e^{(-N/10.79)}+705.08 \quad (6\text{-}4)$$

图 6-1（c）所示为淋水环境下钢丝磨损深度随循环次数演变规律。当循环次数从 3.0×10^4 增长到 2.1×10^5，凸接触对下钢丝磨损深度从 117.12μm 增加到 384.34μm，凹接触对下钢丝磨损深度从 95.14μm 增加到 238.59μm。对不同接触形式下钢丝磨损深度进行非线性拟合，其中凸接触对下拟合相关系数 R^2 为 0.99222，凹接触对下拟合相关系数 R^2 为 0.99451，不同接触形式下钢丝磨损深度随循环次数的拟合方程分别如下：

$$H=-460.83\times e^{(-N/13.52)}+485.56 \quad (6\text{-}5)$$

$$H=-221.55\times e^{(-N/9.39)}+260.71 \quad (6\text{-}6)$$

图 6-1（d）所示为酸腐蚀下钢丝磨损深度随循环次数演变规律。当循环次数从 3.0×10^4 增长到 2.1×10^5，凸接触对下钢丝磨损深度从 138.51μm 增加到 483.57μm，凹接触对下钢丝磨损深度从 117.73μm 增加到 409.35μm。对不同接触形式下钢丝磨损深度进行非线性拟合，其中凸接触对下拟合相关系数 R^2 为 0.98605，凹接触对下拟合相关系数 R^2 为 0.99043，不同接触形式下钢丝磨损深度随循环次数的拟合方程分别如下：

$$H=-532.84\times e^{(-N/7.90)}+517.22 \quad (6\text{-}7)$$

$$H=-459.53\times e^{(-N/9.72)}+462.81 \quad (6\text{-}8)$$

图 6-1（e）所示为脂润滑下钢丝磨损深度随循环次数演变规律。当循环次数从 3.0×10^4 增长到 2.1×10^5，凸接触对下钢丝磨损深度从 57.23μm 增加到 157.32μm，凹接触对下钢丝磨损深度从 44.61μm 增加到 136.89μm。对不同接触形式下钢丝磨损深度进行非线性拟合，其中凸接触对下拟合相关系数 R^2 为

0.99292，凹接触对下拟合相关系数 R^2 为 0.98894，不同接触形式下钢丝磨损深度随循环次数的拟合方程分别如下：

$$H=-160.67\times e^{(-N/10.02)}+175.85 \tag{6-9}$$

$$H=-188.46\times e^{(-N/21.11)}+210.05 \tag{6-10}$$

图 6-1（f）所示为矿石复合润滑脂润滑下钢丝磨损深度随循环次数演变规律。当循环次数从 3.0×10^4 增长到 2.1×10^5，凸接触对下钢丝磨损深度从 104.21μm 增加到 236.41μm，凹接触对下钢丝磨损深度从 75.94μm 增加到 196.72μm。对不同接触形式下钢丝磨损深度进行非线性拟合，其中凸接触对下拟合相关系数

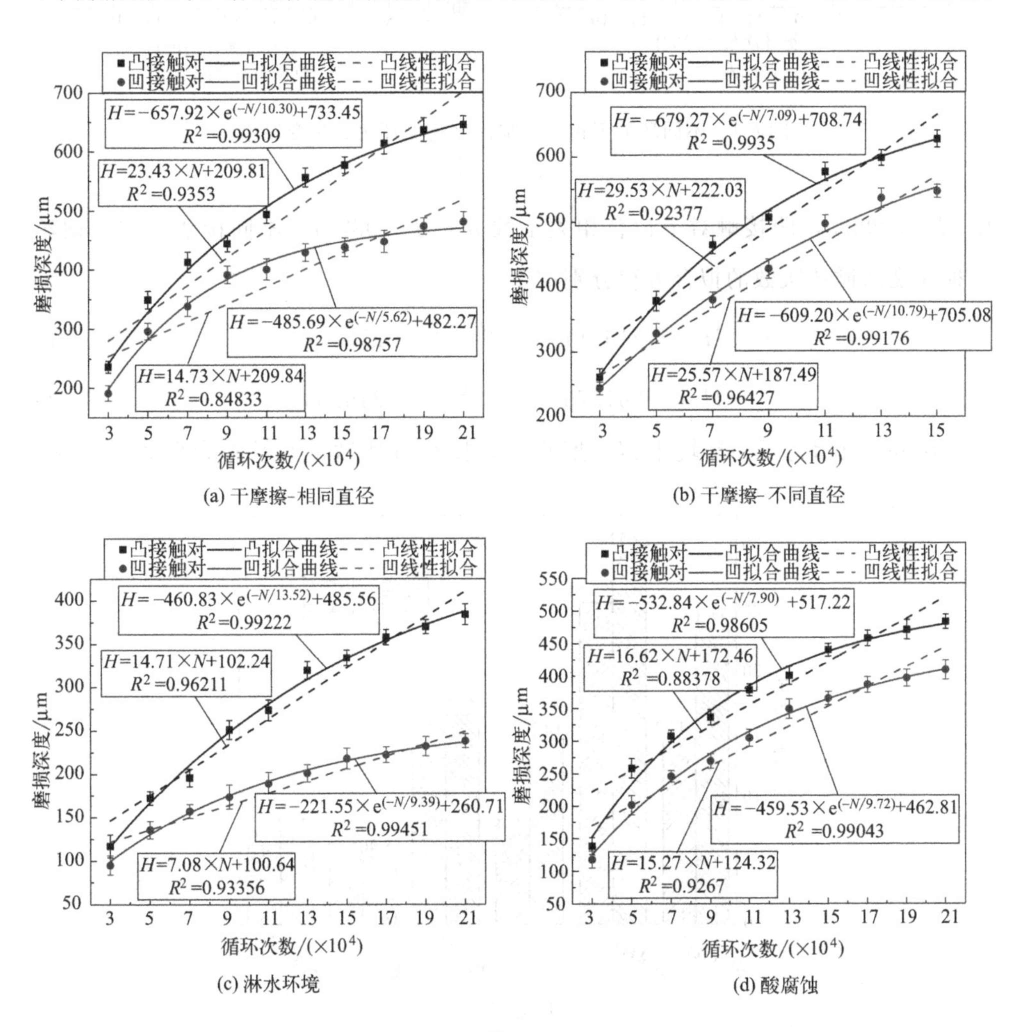

图 6-1

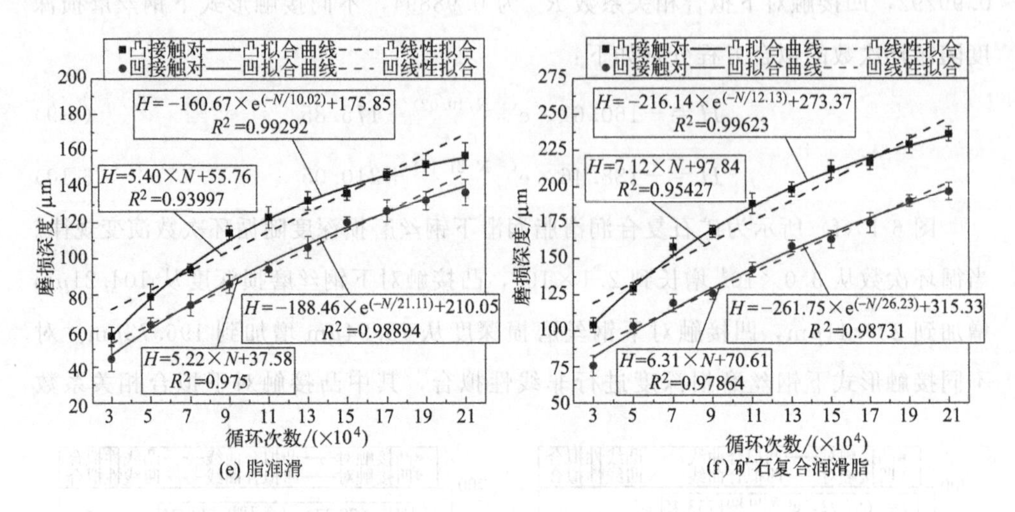

图 6-1　不同环境下钢丝磨损深度随循环次数演变规律

R^2 为 0.99623，凹接触对下拟合相关系数 R^2 为 0.98731，不同接触形式下钢丝磨损深度随循环次数的拟合方程分别如下：

$$H=-216.14\times e^{(-N/12.13)}+273.37 \tag{6-11}$$

$$H=-261.75\times e^{(-N/26.23)}+315.33 \tag{6-12}$$

图 6-2 所示为不同环境下钢丝磨损深度随循环次数的线性拟合曲线的斜率。

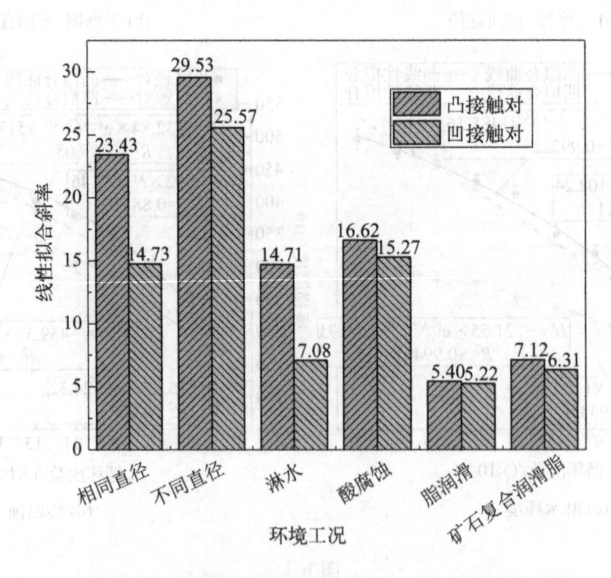

图 6-2　不同环境下钢丝磨损深度线性拟合曲线的斜率

对于不同的环境工况，凸接触对下钢丝磨损深度拟合曲线的斜率均大于凹接触对下钢丝磨损深度拟合曲线的斜率，这说明随着循环次数增加，凸接触对下钢丝磨损深度的增长速度大于凹接触对下钢丝磨损深度的增长速度。此外，不同环境下钢丝的磨损深度增长速度按以下顺序增加：脂润滑＜矿石复合润滑脂＜淋水＜酸腐蚀＜干摩擦下相同直径接触对＜干摩擦下不同直径接触对。

6.1.2 钢丝破断力演变规律

图 6-3 所示为不同环境下磨损钢丝拉伸载荷随伸长量变化曲线（循环次数为 1.5×10^5）。随着钢丝伸长量增加，不同环境下磨损钢丝历经弹性变形、塑性变形以及断裂失效三个阶段，并且在起始阶段钢丝拉伸载荷增长缓慢，这可能是由试验开始时拉伸加速度突变以及夹具连接处突然受力导致的。由于不同环境下钢丝表面磨损程度不同，磨损钢丝的拉伸载荷-伸长量变化曲线呈现出不同的变化特征。对于干摩擦下相同直径接触对，拉伸载荷先线性增加，然后出现短暂的增长速度减小，产生塑性变形，磨损钢丝拉伸载荷达到最大值 1765.74N 后瞬间降低到 0N，钢丝断裂，此时磨损钢丝最大伸长量为 5.21mm。对于干摩擦下不同直径接触对，磨损钢丝的破断力和最大伸长量分别为 1417.93N 和 4.29mm，明显小于相同直径接触对。这是因为不同直径接触对下钢丝表面的磨损深度更大，钢丝磨损区域的有效承载面积更小，所以剩余强度更低，抵抗变形的能力更差。在淋水环境下，由于水溶液的润滑效果，磨损钢丝的破断力和伸长量明显大于干摩擦条件，分别为 2138.43N 和 7.12mm。酸腐蚀下磨损钢丝的破断力和伸长量分别为 1917.15N 和 6.43mm。这是因为一方面，酸溶液具有腐蚀性能，导致磨损钢丝的破断力和伸长量小于淋水环境；另一方面，酸溶液具有润滑作用，故磨损钢丝的破断力和伸长量大于干摩擦条件。图 6-3（e）和（f）分别为润滑脂和矿石复合润滑脂润滑下磨损钢丝的拉伸载荷随伸长量变化曲线。可以看出，相比于其余环境工况，润滑脂和矿石复合润滑脂润滑下磨损钢丝的拉伸载荷-伸长量变化曲线的塑性变形阶段更加明显，并且磨损钢丝的破断力和伸长量更大，因此钢丝的剩余强度明显大于其余环境工况。其中，脂润滑下磨损钢丝的破断力和伸长量分别为 2438.44N 和 7.74mm，矿石复合润滑脂润滑下磨损钢丝的破断力和伸长量分别为 2305.72N 和 7.43mm。

图 6-4 所示为不同环境下磨损钢丝的破断力随磨损深度变化曲线。图中横坐

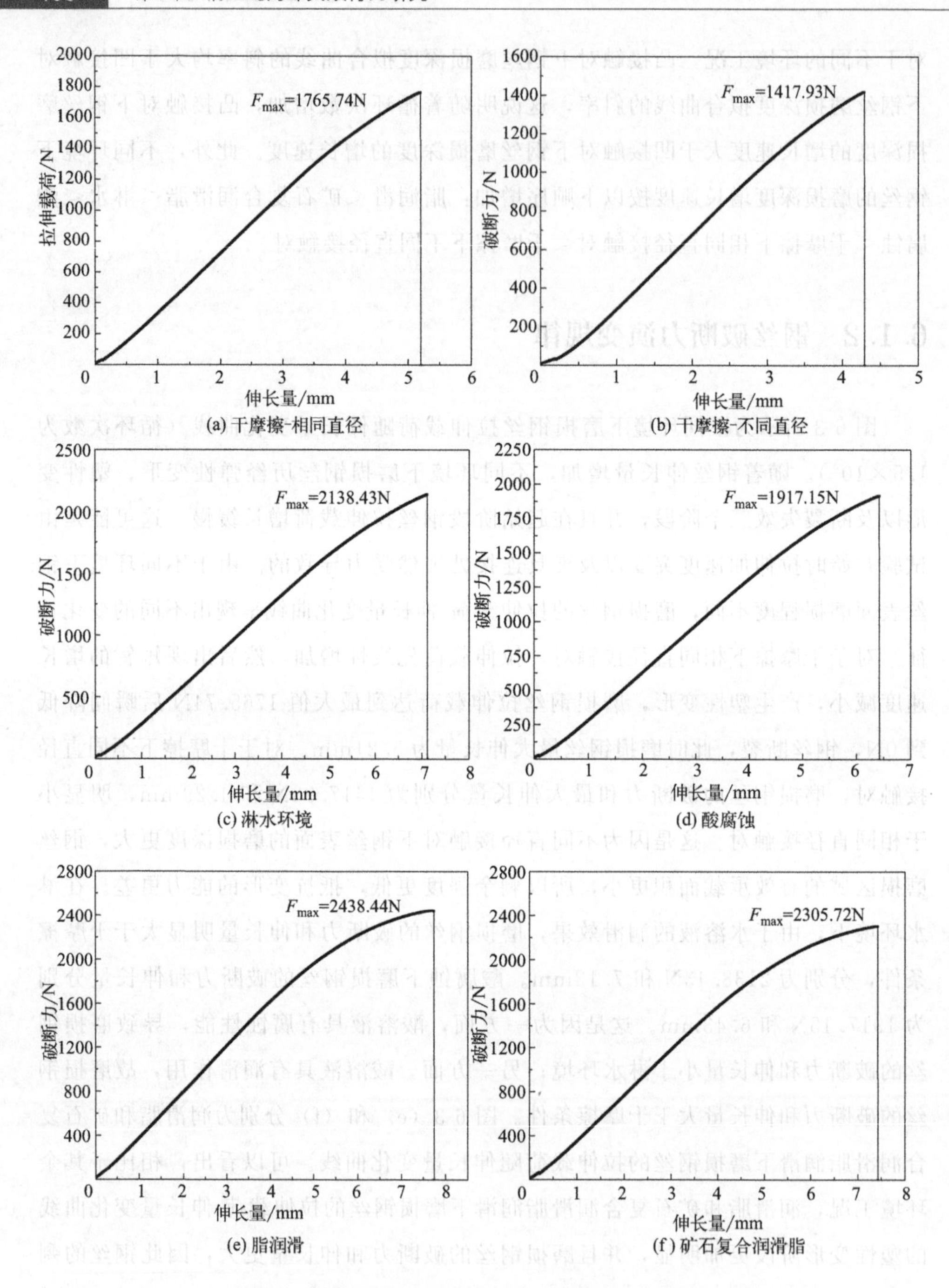

图 6-3 不同环境下磨损钢丝的拉伸载荷随伸长量变化曲线

标的总磨损深度为章节 6.1.1 中疲劳钢丝表面凸接触对的磨损深度与凹接触对的磨损深度之和。不同环境下磨损钢丝的破断力均随着磨损深度增加而减小，并且磨损深度越大，破断力的减小速度越快。这是因为一方面，磨损深度增加，钢丝磨损区域的有效承载面积减小，钢丝的承载能力降低。另一方面，钢丝的磨损深度增长是由钢丝间摩擦循环次数增加导致的，而随着循环次数增加，钢丝在磨损区域将会受到更多的循环交变应力、接触应力以及剪切应力，促进了钢丝内部裂纹的萌生与扩展，最终导致磨损钢丝的剩余强度急剧降低。

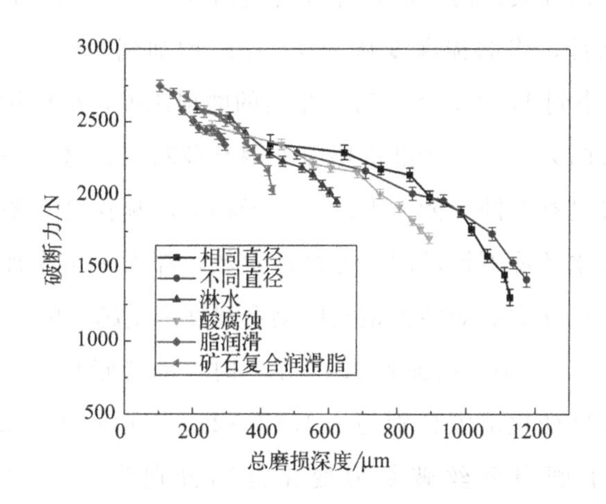

图 6-4　不同环境下钢丝的破断力随磨损深度演变曲线

对于干摩擦下相同直径接触对，当总磨损深度从 427.44μm 增加到 836.46μm 时，钢丝的破断力从 2350.69N 减小到 2137.89N，破断力减小幅度较小。当钢丝总磨损深度从 836.46μm 增加到 1126.61μm 时，钢丝的破断力急剧降低，值从 2137.89N 减小到 1297.66N。对于干摩擦下不同直径接触对，随着磨损深度从 505.44μm 增加到 1174.67μm，钢丝的破断力从 2286.92N 减小到 1417.93N。由于不同直径钢丝间摩擦类似“切割”行为，钢丝间接触应力和相对滑动距离更大，对钢丝内部裂纹的萌生和扩展具有促进作用。当磨损深度小于 894.91μm 时，相同直径接触对下摩擦循环次数小于 1.1×10^5，循环次数对钢丝内部裂纹的影响较小。因此，不同直径接触对下钢丝破断力小于相同直径接触对下钢丝破断力。当磨损深度大于 894.91μm 时，钢丝间摩擦循环次数对内部裂纹扩展的影响逐渐变大，对于相同的磨损深度，相同直径接触对下钢丝间摩擦循环次数明显大于不同直径接触对下钢丝间摩擦循环次数。因此，不同直径接触对下钢丝破断力大于相同直径接触对下钢丝破断力。

对于淋水环境，当磨损深度从 212.26μm 增加到 622.93μm 时，钢丝破断力从 2596.86N 减小到 1953.83N。对于相同磨损深度，淋水环境下钢丝破断力小于干摩擦下钢丝破断力，并且随着磨损深度增加，这两种环境下钢丝破断力之间的差距越明显。这是由于淋水的润滑作用，减小了钢丝间磨损程度。对于相同的磨损深度，淋水环境下钢丝间摩擦循环次数大于干摩擦下钢丝间摩擦循环次数。更多的循环次数，疲劳钢丝将会受到更多的循环往复交变应力、接触应力以及剪切应力，加剧了钢丝内部裂纹的扩展，导致磨损钢丝的剩余强度降低。

对于酸腐蚀条件，当磨损深度从 256.24μm 增加到 892.92μm 时，钢丝破断力从 2466.71N 减小到 1703.95N。对于相同的磨损深度，酸腐蚀下钢丝破断力小于干摩擦下钢丝破断力，却大于淋水环境下钢丝破断力。这是因为酸溶液既可以起到润滑作用，又具有腐蚀性能。因此，对于相同磨损深度，酸腐蚀下钢丝间摩擦循环次数小于淋水环境下钢丝间摩擦循环次数，却大于干摩擦下钢丝间摩擦循环次数，而越多的循环次数对磨损钢丝的剩余强度产生越多的不利影响。

当循环次数从 3.0×10^4 增加到 2.1×10^5 时，润滑脂和矿石复合润滑脂润滑下钢丝表面磨损深度变化范围分别为 101.83～294.21μm 和 180.15～433.13μm，这两种润滑环境下磨损钢丝破断力变化范围分别为 2747.89～2343.71N 和 2676.65～2035.64N。对于相同的磨损深度，矿石复合润滑脂润滑下钢丝破断力大于脂润滑下钢丝破断力，这同样是由钢丝间不同的摩擦循环次数导致的。

综上所述，对于相同的磨损深度，不同环境下钢丝破断力按以下顺序增长：脂润滑＜矿石复合润滑脂＜淋水＜酸腐蚀＜干摩擦，钢丝的破断力越大，钢丝间摩擦循环次数越少。然而，磨损钢丝的剩余强度与钢丝破断力和摩擦循环次数相关，当钢丝间摩擦循环次数相同时，破断力越大，磨损钢丝的剩余强度也越大。因此，钢丝绳服役一定时间后，不同环境下内部磨损钢丝的剩余强度按以下顺序增加：干摩擦＜酸腐蚀＜淋水＜矿石复合润滑脂＜脂润滑。

6.1.3 拉伸断裂失效机理

为了探究不同环境下磨损钢丝断裂失效形式，利用万能拉伸试验机对磨损钢丝进行拉伸破断试验，通过分析磨损钢丝的断口形貌和微观特征，揭示不同环境下磨损钢丝的拉伸断裂失效机理。

图 6-5 所示为不同环境下钢丝断口宏观形貌。可以发现，钢丝断口呈现出明显的杯锥状，除了酸腐蚀环境，其余环境下钢丝断口区域由中部的纤维区和断口

边缘的剪切唇两部分组成，没有发现放射条纹或人字纹的放射区。钢丝磨痕在拉伸过程中产生严重的塑性变形，并且磨痕相邻两侧存在明显的缺口。这是由于磨损区域钢丝的有效承载面积较小，在拉伸载荷作用下该位置产生颈缩，导致断口呈现出杯锥状形貌。而且，钢丝内部中心区域由于受到拉伸应力产生裂纹萌生并与磨痕区域的裂纹同时缓慢扩展，直至完全断裂，并在磨痕两侧产生断裂缺口。此外，钢丝断口边缘黏附着大量材料碎屑，这是因为在拉伸破断过程中，钢丝内部产生裂纹扩展，细小的裂纹相互连接，在拉伸破断最后阶段钢丝剩余截面处于平面应力状态，塑性变形的约束较少，在剪切力的作用下发生断裂[1]，并导致大量材料碎屑从断裂截面脱落，并黏附于断口边缘。

通过对图 6-5（a）中标记的局部区域进行放大，干摩擦下相同直径接触的钢丝断口微观形貌如图 6-6 所示。可以发现，钢丝断口表面分布大量的韧窝形貌，距离中心最远的区域 C 表面韧窝细密，并且深度较浅，而随着距离钢丝中心越近，断口表面的韧窝尺寸增大、深度更深，并且断口表面分布着越来越多的裂纹和塑性变形。此外，不同区域的微观形貌均未发现放射条纹或人字纹，这同样证实了钢丝断口表面不存在放射区。图 6-7 所示为除了酸腐蚀环境外，其余环境下钢丝断口中部纤维区的微观形貌。可以看出，不同环境下钢丝断口中部纤维区呈现出明显的韧窝形貌，并且存在明显的裂纹和塑性变形。因此，磨损钢丝拉伸断裂失效机理主要为韧性断裂。

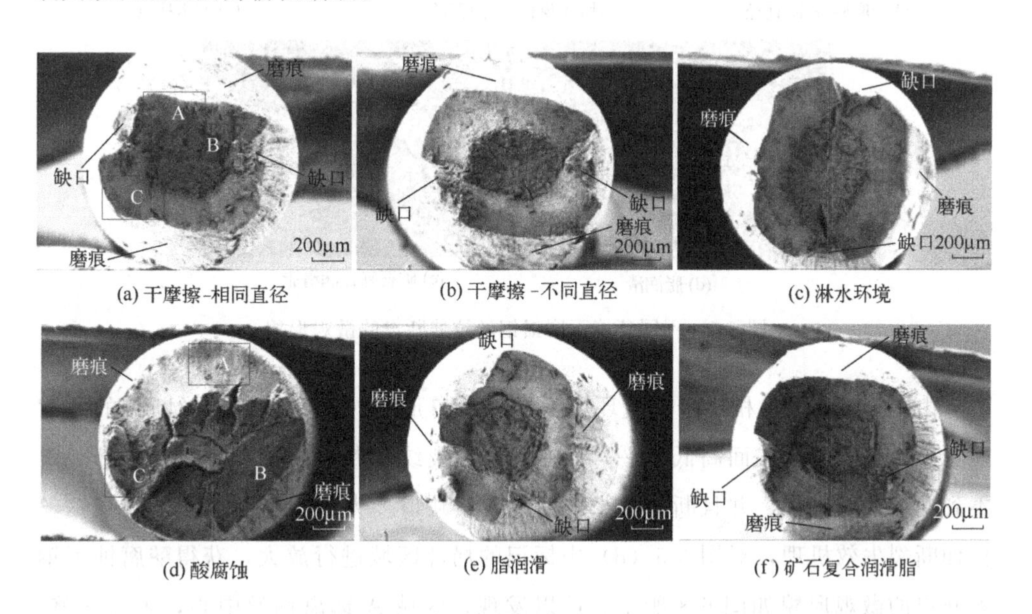

(a) 干摩擦-相同直径　(b) 干摩擦-不同直径　(c) 淋水环境

(d) 酸腐蚀　(e) 脂润滑　(f) 矿石复合润滑脂

图 6-5　不同环境下钢丝拉伸断口宏观形貌

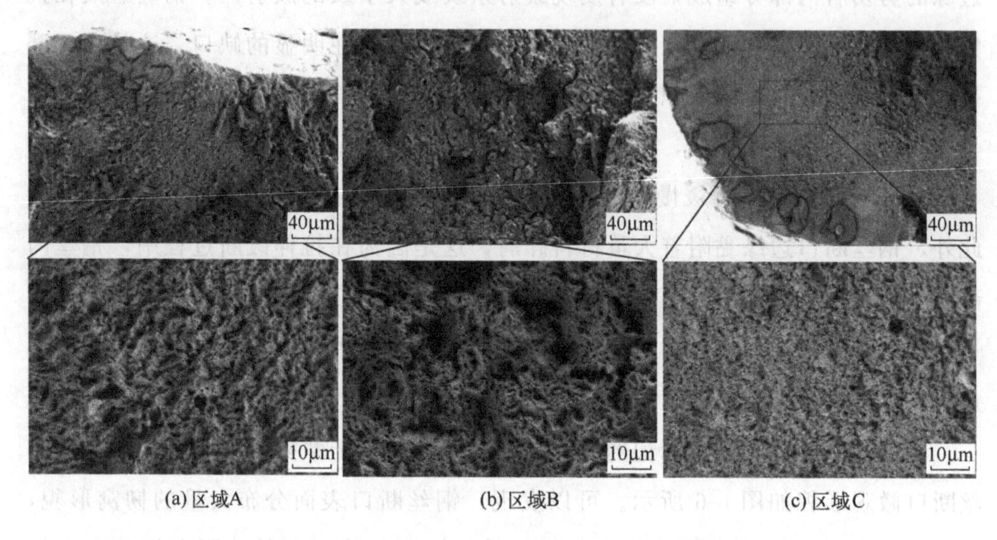

(a) 区域A (b) 区域B (c) 区域C

图 6-6 相同直径接触对下磨损钢丝拉伸断口的微观形貌

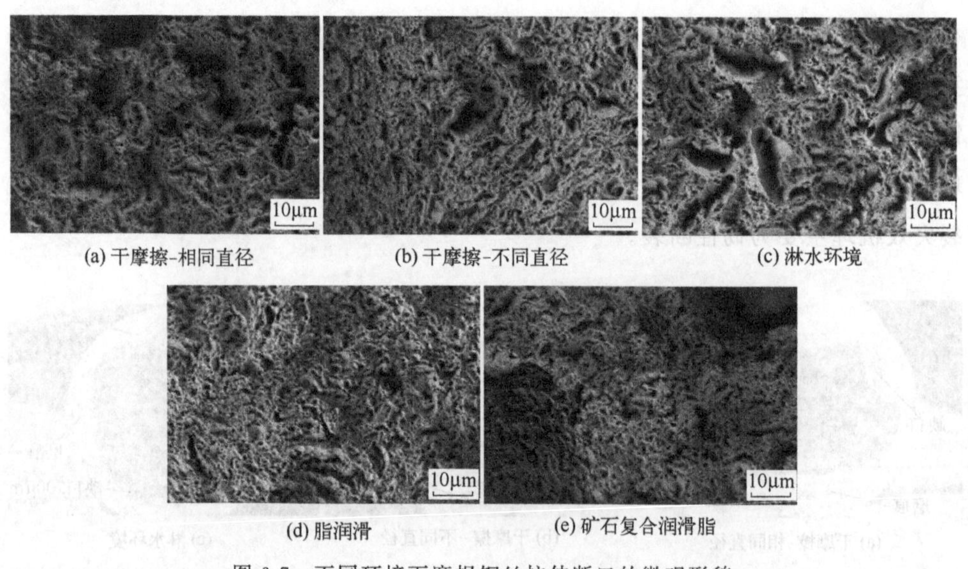

(a) 干摩擦-相同直径 (b) 干摩擦-不同直径 (c) 淋水环境

(d) 脂润滑 (e) 矿石复合润滑脂

图 6-7 不同环境下磨损钢丝拉伸断口的微观形貌

由图 6-5 可知，相比于其他环境下钢丝断口形貌，酸腐蚀下钢丝断口的颈缩现象不明显，断口表面高低不平，存在大量的裂纹和断裂痕迹，在断口中部观察不到明显的纤维区，并且断口边缘未发现断裂缺口。为了探究酸腐蚀下磨损钢丝拉伸断裂失效机理，对图 6-5（d）中标记的局部区域进行放大，获得酸腐蚀下钢丝断口的微观形貌如图 6-8 所示。可以发现，区域 A 远离钢丝中心，表面平整，可以观察到细密的韧窝形貌。区域 B 存在明显的解理断裂特征，这是因为该区域邻近磨痕表面，在摩擦过程中磨痕底部产生裂纹，酸溶液沿着裂纹流入钢丝内部对材料进行腐蚀，在拉伸破断过程中，该区域承受三向应力导致脆性断裂。区域 C 为钢丝瞬断区，该位置为最后断裂区域，可以观察到明显的撕裂棱、二次裂纹以及韧窝现象。因此，酸腐蚀下磨损钢丝拉伸断裂失效机理同时包含韧性断裂和脆性断裂。

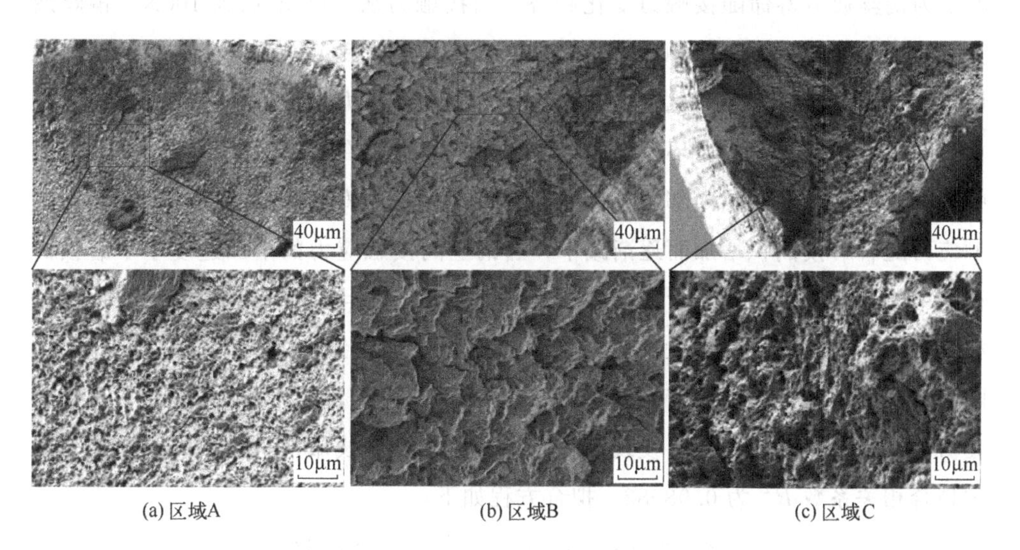

(a) 区域A (b) 区域B (c) 区域C

图 6-8 酸腐蚀下磨损钢丝拉伸断口的微观形貌

6.2 钢丝疲劳断裂行为

由上节可知，在钢丝绳内部钢丝摩擦磨损试验过程中，随着循环次数增加，钢丝表面发生不同程度的磨损，导致钢丝的力学性能发生退化，在较大的拉伸载荷作用下发生断裂失效。然而，钢丝绳内部钢丝除了发生拉伸断裂失效外，还会产生疲劳断裂失效。为了探究恒定循环载荷作用下，钢丝因受到循环交变应力和微动磨损导致断裂失效的疲劳寿命，开展了不同接触参数和环境下钢丝微动疲劳试验。其中，钢丝微动疲劳试验的试验参数参照第四章和第五章中试验参数表，试验运行到钢丝发生疲劳断裂为止。因此，不同接触参数和环境下钢丝疲劳寿命为钢丝间微动磨损过程中钢丝发生疲劳断裂失效的摩擦循环次数。

6.2.1 干摩擦下钢丝疲劳寿命

图 6-9 所示为接触环境为干摩擦，相同直径接触对下钢丝疲劳寿命随接触参数演变规律。可以发现，钢丝疲劳寿命随着接触参数的增加而减小。图 6-9 (a) 所示为钢丝疲劳寿命随接触力变化趋势。当接触力从 40N 增加到 100N，钢丝疲劳寿命从 532576 次循环降低到 234672 次循环。钢丝疲劳寿命变化曲线呈现出先快速降低再缓慢减小的变化趋势。这是因为随着接触力增加，钢丝表面磨损越严重，并且疲劳钢丝受到循环往复的拉伸和扭转载荷，在磨损区域产生裂纹，更大的接触应力促进了钢丝内部裂纹扩展，导致钢丝疲劳寿命降低。此外，钢丝间接触应力随着磨损面积增加而逐渐减小，当钢丝间接触应力的增加速度小于磨损面积的增长速度时，钢丝疲劳寿命的降低速度减慢，并且随着接触力增加，钢丝间相对滑动距离越小，而更大的相对滑移距离将会加剧钢丝的微动损伤[2]。最终，随着接触力增加，钢丝疲劳寿命降低的速度逐渐减缓。通过对不同接触力下钢丝疲劳寿命进行非线性拟合，发现钢丝疲劳寿命拟合曲线服从幂指数减小趋势，其中拟合相关系数 R^2 为 0.98982，拟合方程如下：

$$N_p = 1131.22 \times e^{(-F_n/36.41)} + 157.82 \tag{6-13}$$

式中，N_p 为疲劳寿命；F_n 为钢丝间接触力。

图 6-9 (b) 所示为钢丝疲劳寿命随微动振幅变化趋势。随着微动振幅从 40μm 增加到 100μm，钢丝疲劳寿命从 423623 次循环降低到 103320 次循环，并且钢丝疲劳寿命降低的幅度越来越明显。这是因为随着微动振幅增加，钢丝间摩擦力和相对滑动距离随之增加，从而加剧钢丝表面磨损以及内部裂纹的萌生和扩展，降低钢丝的疲劳寿命[3,4]。不同微动振幅下钢丝疲劳寿命拟合曲线服从幂指数减小趋势，其中拟合相关系数 R^2 为 0.99501，拟合方程如下：

$$N_p = -160.17 \times e^{(\delta/76.06)} + 698.58 \tag{6-14}$$

式中，δ 为钢丝间微动振幅。

图 6-9 (c) 所示为钢丝疲劳寿命随交叉角度变化趋势。随着交叉角度从 30° 增加到 60°，钢丝疲劳寿命从 234672 次循环降低到 121245 次循环，并且钢丝疲劳寿命降低的幅度越来越明显。这是因为交叉角度减小，钢丝间接触应力增大，造成钢丝表面越严重的磨损，并且钢丝间相对滑动距离随着交叉角度的增加而增

大。不同交叉角度下钢丝疲劳寿命拟合曲线服从幂指数减小趋势，其中拟合相关系数 R^2 为 0.99956，拟合方程如下：

$$N_p = -7.87 \times e^{(\alpha/20.51)} + 267.97 \tag{6-15}$$

式中，α 为钢丝间交叉角度。

图 6-9（d）所示为钢丝疲劳寿命随扭转角度变化趋势。随着扭转角度从 0°增加到 6°，钢丝疲劳寿命从 313233 次循环降低到 234672 次循环。这是因为钢丝的扭转角度减小，钢丝间摩擦力和相对滑动距离轻微增加，加剧了钢丝表面磨损以及内部裂纹的萌生和扩展，降低了钢丝的疲劳寿命。不同扭转角度下钢丝疲劳寿命拟合曲线服从幂指数减小趋势，其中拟合相关系数 R^2 为 0.99872，拟合方程如下：

$$N_p = 84.54 \times e^{(-\theta/2.41)} + 228.63 \tag{6-16}$$

式中，θ 为钢丝扭转角度。

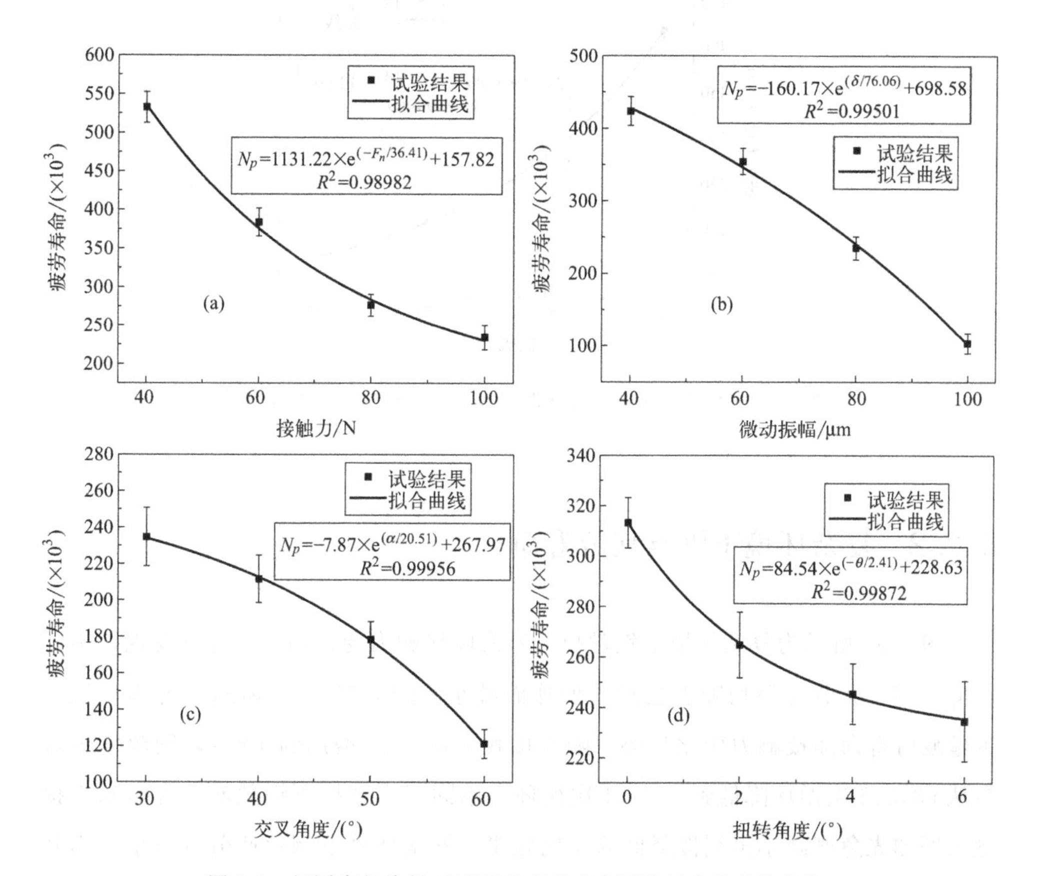

图 6-9 相同直径接触对下钢丝疲劳寿命随接触参数变化趋势

图 6-10 所示为接触环境为干摩擦，不同直径接触对下钢丝疲劳寿命随接触力变化趋势。当接触力从 40N 增加到 100N，钢丝疲劳寿命从 418752 次循环降低到 166670 次循环。对于相同的接触力，不同直径接触对下钢丝疲劳寿命明显小于相同直径接触对下钢丝疲劳寿命。这是因为不同直径钢丝间摩擦类似于“切割”现象，钢丝接触表面材料损失明显。此外，在拉伸-扭转复合力作用下钢丝接触表面产生更大的接触应力和剪切应力，促进了钢丝内部裂纹的萌生与扩展，因此钢丝疲劳寿命更短。通过对不同接触力下钢丝疲劳寿命进行非线性拟合，发现钢丝疲劳寿命拟合曲线服从幂指数减小趋势，其中拟合相关系数 R^2 为 0.99969，拟合方程如下：

$$N_p = 1050.09 \times e^{(-F_n/31.55)} + 122.97 \tag{6-17}$$

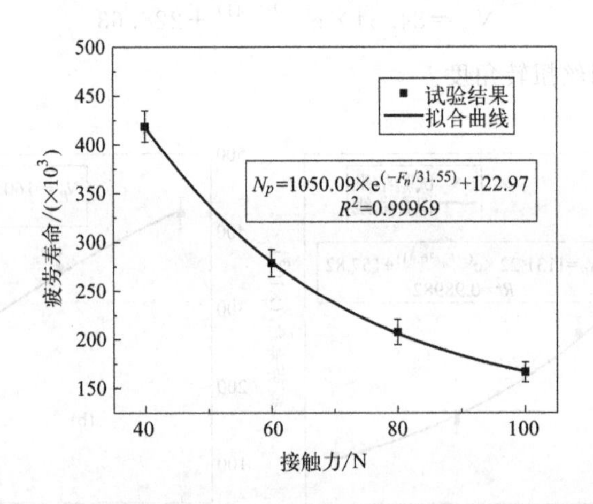

图 6-10 不同直径接触对下钢丝疲劳寿命随接触力变化趋势

6.2.2 复杂环境下钢丝疲劳寿命

图 6-11 所示为复杂环境下钢丝疲劳寿命随接触力变化趋势。可以发现，不同环境下钢丝疲劳寿命均随着接触力增加而减小。图 6-11（a）所示为淋水环境下钢丝疲劳寿命随接触力变化趋势。随着接触力从 40N 增加到 100N，钢丝疲劳寿命从 684322 次循环降低到 395631 次循环。不同于干摩擦下钢丝疲劳寿命随着接触力增加先急剧减小再缓慢降低的变化规律，淋水环境下钢丝疲劳寿命呈现出几乎线性减小的变化规律。这是因为一方面随着接触力增加，钢丝间磨损加剧；另

一方面，虽然钢丝间相对滑动距离随着接触力增加而减小，但是由于淋水的润滑作用，相对滑动距离对钢丝磨损和内部裂纹扩展的影响小于干摩擦条件。不同接触力下钢丝疲劳寿命拟合曲线服从幂指数减小趋势，其中拟合相关系数 R^2 为 0.9987，拟合方程如下：

$$N_p = 881.18 \times e^{(-F_n/61.27)} + 224.84 \tag{6-18}$$

图 6-11（b）所示为酸腐蚀下钢丝疲劳寿命随接触力变化趋势。随着接触力从 40N 增加到 100N，钢丝疲劳寿命从 559650 次循环降低到 305436 次循环，钢丝疲劳寿命降低幅度越来越明显。这是因为一方面，随着接触力增加，钢丝间磨损更加剧烈；另一方面，钢丝表面在酸溶液的腐蚀作用下生成腐蚀产物，腐蚀产物在钢丝间相对运动的作用下被磨去，然后生成新的腐蚀产物，最终在磨损、疲劳和腐蚀的共同作用下降低了钢丝疲劳寿命，并且更大的接触力将会加剧腐蚀条件下钢丝表面磨损程度[1]。不同接触力下钢丝疲劳寿命拟合曲线服从幂指数减小趋势，其中拟合相关系数 R^2 为 0.96669，拟合方程如下：

$$N_p = -92.86 \times e^{(F_n/64.28)} + 742.44 \tag{6-19}$$

图 6-11（c）和（d）所示分别为润滑脂和矿石复合润滑脂润滑下钢丝疲劳寿命随接触力变化趋势。对于这两种润滑工况，随着接触力从 40N 增加到 100N，钢丝疲劳寿命分别从 1065427 次循环减小到 532253 次循环和从 725399 次循环减小到 477419 次循环，并且钢丝疲劳寿命降低幅度越来越大。这是因为一方面，随着接触力增加，钢丝间磨损加剧；另一方面，由于润滑脂的润滑效果以及矿石颗粒起到的润滑轴承作用导致钢丝间便于相对滑动，不同接触力下钢丝间相对滑动距离变化不明显。此外，钢丝间接触力增加，钢丝磨痕表面受到的接触应力增大，从而促进钢丝内部裂纹的萌生与扩展。通过对不同接触力下钢丝疲劳寿命进行非线性拟合，发现这两种润滑工况下钢丝疲劳寿命拟合曲线均服从幂指数减小趋势，其中脂润滑下钢丝疲劳寿命的拟合相关系数 R^2 为 0.9978，矿石复合润滑脂润滑下钢丝疲劳寿命的拟合相关系数 R^2 为 0.96747。润滑脂中混合矿石颗粒后，拟合相关系数明显降低，这是因为在试验过程中，矿石颗粒受到挤压和剪切力对钢丝表面进行划伤，并且在接触点引起应力集中，改变钢丝表面的应力状态，从而对钢丝疲劳寿命产生复杂的影响。润滑脂和矿石复合润滑脂润滑下钢丝疲劳寿命的拟合方程分别如下：

$$N_p = -97.49 \times e^{(F_n/48.68)} + 1290.94 \tag{6-20}$$

$$N_p = -34.88 \times e^{(F_n/44.82)} + 805.34 \tag{6-21}$$

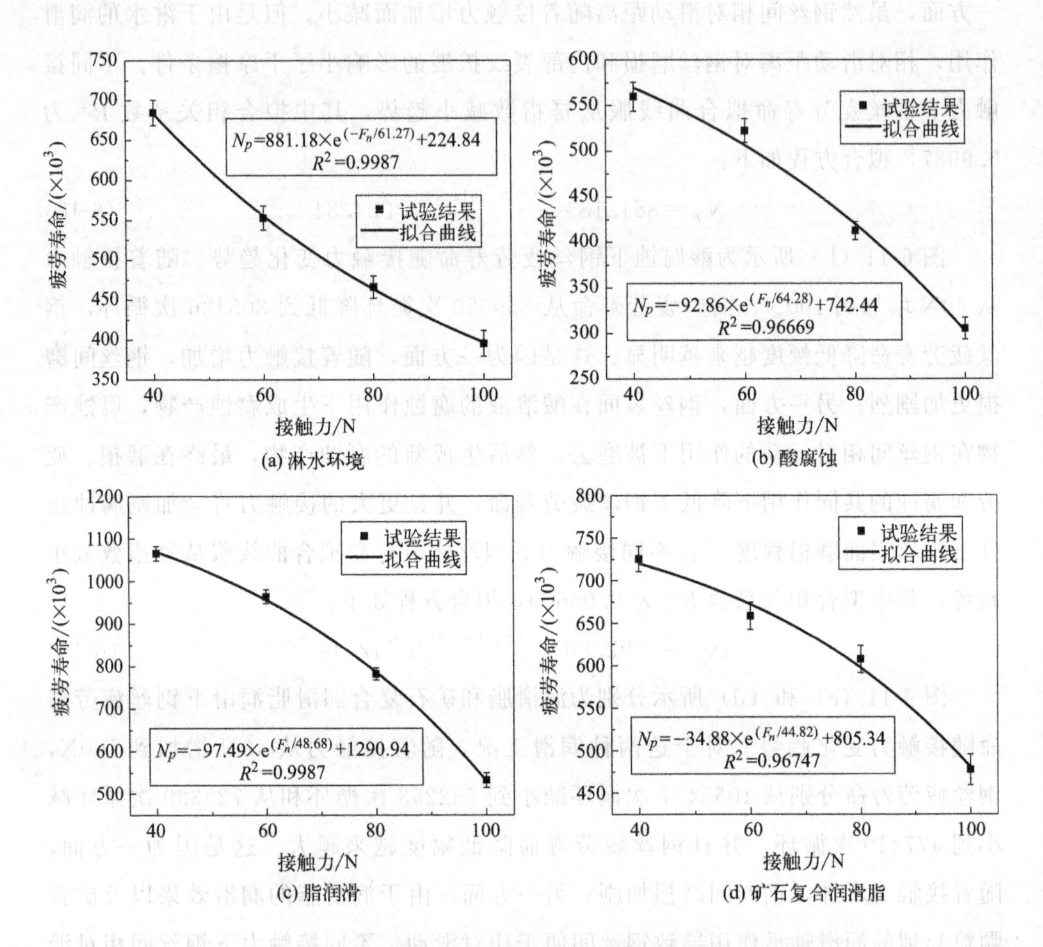

图 6-11　复杂环境下钢丝疲劳寿命随接触力变化趋势

图 6-12 所示为不同环境下钢丝疲劳寿命随接触力变化对比。可以看出，钢丝疲劳寿命随着接触力增加而减小，并且不同环境下钢丝疲劳寿命变化曲线区别明显，未出现交叉或重叠现象。对于相同的接触力，不同环境下钢丝疲劳寿命按以下顺序增长：干摩擦下不同直径接触对＜干摩擦下相同直径接触对＜酸腐蚀＜淋水＜矿石复合润滑脂＜脂润滑。

6.2.3　疲劳断裂失效机理

图 6-13 所示为不同环境下钢丝疲劳断口宏观形貌。可以发现，钢丝断口没有明显的颈缩和变形，断口边缘存在不明显的剪切唇。其中，区域 A 为疲劳源区，

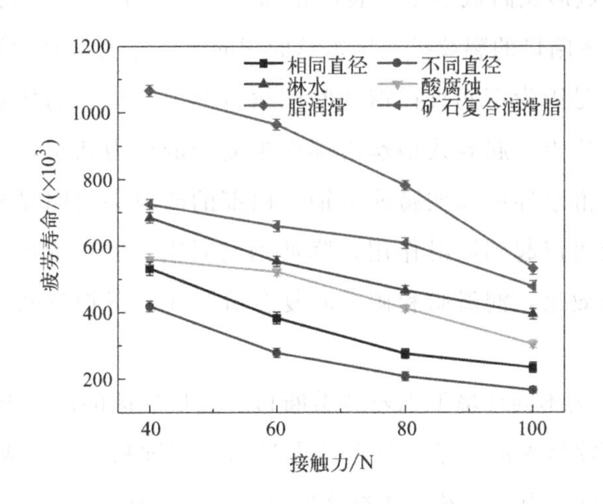

图 6-12 不同环境下钢丝疲劳寿命对比

在摩擦过程中，该区域出现磨损缺口，在持续的挤压、剪切以及交变应力的作用下，钢丝磨痕表面产生应力集中，促进了裂纹的萌生。区域 B 为裂纹扩展区，该区域裂纹沿着与正应力垂直的方向扩展，在循环交变应力作用下，裂纹扩展区反复张开、闭合和相互摩擦，导致裂纹扩展区表面较为光滑。区域 C 为瞬断区，当裂纹扩展到一定程度时，主断面的有效承载面积不足以支撑循环应力，钢丝在瞬

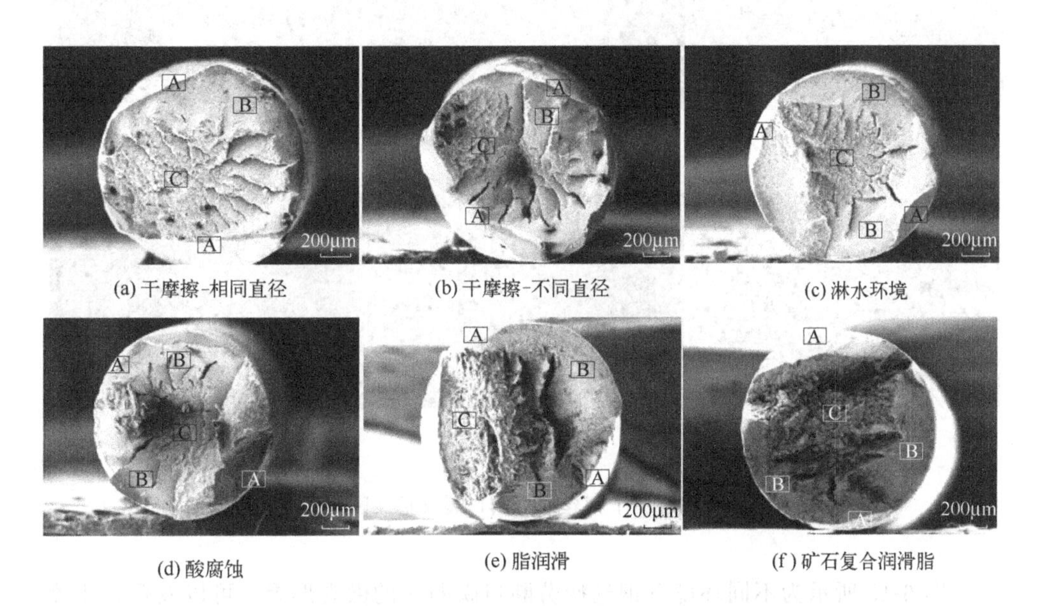

图 6-13 不同环境下钢丝疲劳断口宏观形貌

断区断裂，该区域形貌高低不平、表面粗糙。相比于干摩擦下相同直径接触对，不同直径接触对下断口的裂纹扩展区占总面积的比例更大，放射裂纹几乎布满整个断口表面。这是因为不同直径钢丝间摩擦将会引起更大的接触应力，与剪切应力和循环交变应力一起导致钢丝内部产生复杂的应力状态，从而促进钢丝内部裂纹的扩展。淋水环境和酸腐蚀下钢丝内部的放射裂纹明显减小，这是因为水溶液和酸溶液可以起到润滑作用，降低钢丝间剧烈摩擦程度。此外，由于润滑脂优异的润滑效果，润滑脂和矿石润复合滑脂润滑下钢丝断口表面放射裂纹进一步减少。

图 6-14 所示为不同环境下钢丝疲劳断口裂纹扩展区的微观形貌。可以发现，裂纹扩展区表面较为光滑平整，分布着大量的小凹坑和碎屑，疲劳辉纹不明显。这是因为在疲劳试验中，钢丝内部裂纹扩展区经历循环往复的张开和闭合，断口表面反复接触和研磨，导致该区域产生大量的细小碎屑，并在挤压和扭转力的作用下切削接触表面，造成断口表面出现大量的小凹坑，并且疲劳辉纹在研磨过程中被覆盖，表现不明显[1]。

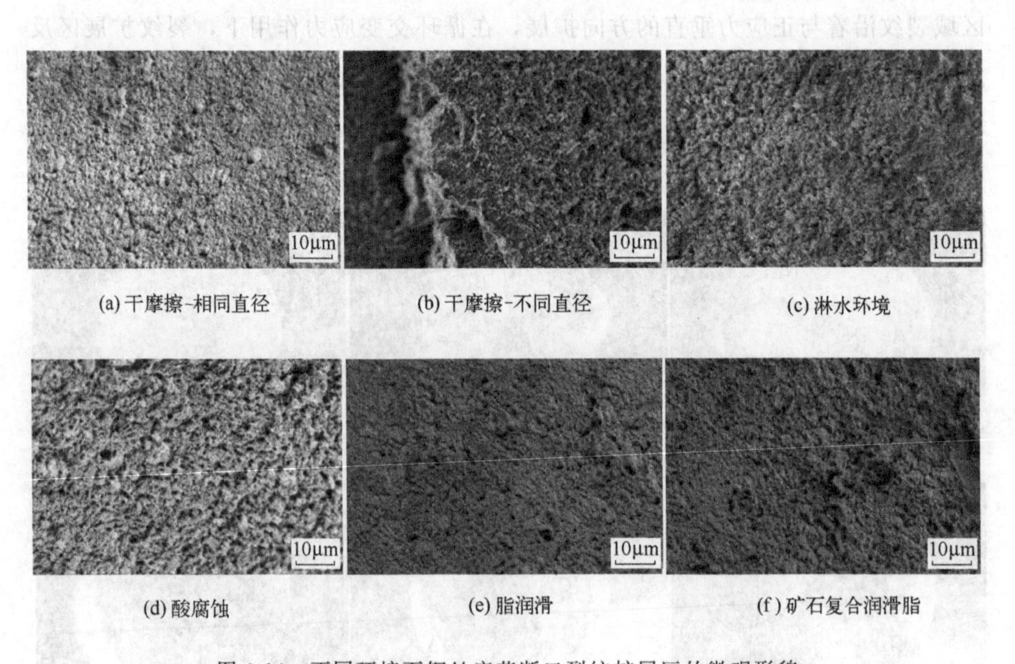

(a) 干摩擦-相同直径　(b) 干摩擦-不同直径　(c) 淋水环境

(d) 酸腐蚀　(e) 脂润滑　(f) 矿石复合润滑脂

图 6-14　不同环境下钢丝疲劳断口裂纹扩展区的微观形貌

图 6-15 所示为不同环境下钢丝疲劳断口瞬断区的微观形貌。可以发现，干摩擦、淋水环境以及酸腐蚀下瞬断区呈现出纤维状，并且断口表面分布着大量的韧

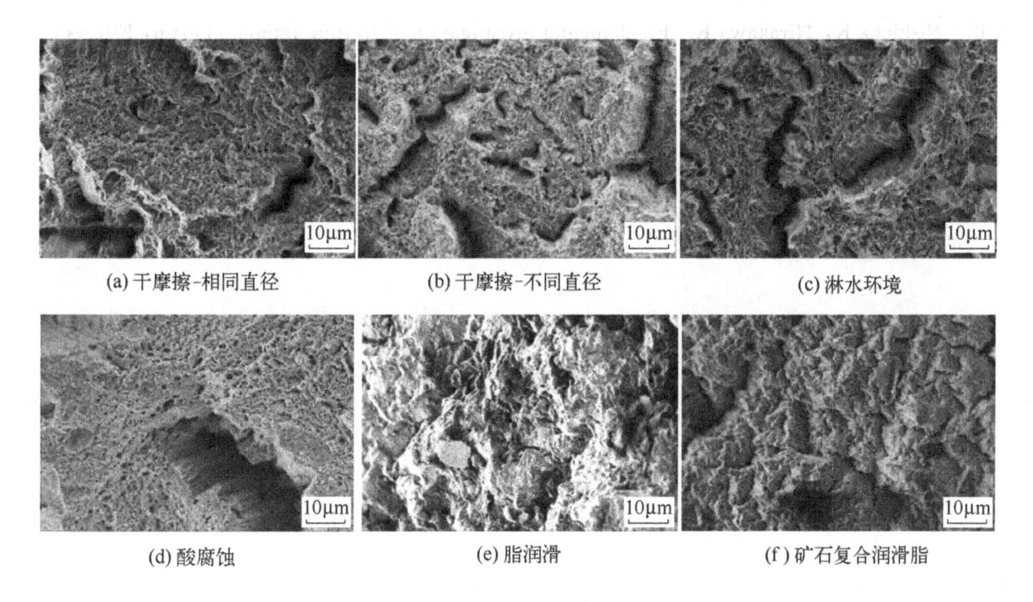

(a) 干摩擦-相同直径　(b) 干摩擦-不同直径　(c) 淋水环境
(d) 酸腐蚀　(e) 脂润滑　(f) 矿石复合润滑脂

图 6-15　不同环境下钢丝疲劳断口瞬断区的微观形貌

窝以及二次裂纹，这是由疲劳裂纹失稳扩展时在瞬断区形成的，并随着疲劳裂纹扩展而不断增多[5]。酸腐蚀下断口的瞬断区还存在大量的点蚀坑以及腐蚀产物。因此，干摩擦、淋水环境以及酸腐蚀下钢丝疲劳断裂失效机理主要为韧性断裂。润滑脂和矿石复合润滑脂润滑下断口的瞬断区呈现出明显的沿晶断裂特征，并且沿晶面上分布着大量的韧窝。因此断裂类型为沿晶韧窝断裂，主要断裂失效机理为脆性断裂。这是由于润滑脂可以有效降低钢丝间磨损程度，导致钢丝内部裂纹扩展速度明显小于其他环境工况，当主断面的有效承载面积不足以支撑循环应力时，钢丝在瞬断区发生脆性断裂。

参考文献

[1] 王荣. 失效机理分析与对策 [M]. 北京：机械工业出版社，2020：38-127.

[2] Wang Z A, Zhou Z R, Chen G X. An investigation of palliation of fretting wear in gross slip regime with grease lubrication [J]. Industrial Lubrication and Tribology, 2011, 63 (2): 84-89.

[3] Petit J, Sarrazin-Baudoux C, Lorenzi F. Fatigue crack propagation in thin wires of ultra

high strength steels [J]. Procedia Engineering, 2010, 2 (1): 2317-2326.

[4] Nishioka K, Hirakawa K. Fundamental investigation of fretting fatigue (Part 6, Effects of contact pressure and hardness of materials) [J]. Bulletin of the JSME, 1972, 15 (80): 135-144.

[5] Chan K S. Roles of microstructure in fatigue crack initiation [J]. International Journal of Fatigue, 2010, 32 (9): 1428-1447.